シリーズ
いま日本の「農」を問う
4

環境と共生する「農」

有機農法・自然栽培・冬期湛水農法

古沢広祐／蕪栗沼ふゆみずたんぼプロジェクト
村山邦彦／河名秀郎［著］

ミネルヴァ書房

刊行にあたって

「農業」関連の議論や報道が活発化している。これまで農業問題というと、農業研究者や生産者、農林水産省・JA関係者だけの問題と考えられ、とくに都市部の住民は関心が薄かった。ところが、ここへきて急に農業問題がクローズアップされ一般市民の関心を集めている背景には、世界規模での社会情勢の変化がある。マスコミが発信する記事からは、研究機関・穀物メジャーや大商社・食品関連企業・農林水産省などからの新しい農業の動向が伝えられる。また食料自給率や食料安全保障という考え方が市民に浸透し、日本の食料問題は、世界の政治・経済や気候条件と無関係ではないという事実を強く感じさせる。

また環境問題や食の安全問題は、自分自身の問題として、我々の日常に無関係ではなくなっている。しかし肥料の過剰投与や化学農薬による土壌や水質汚染、遺伝子組換え種子の問題は、それをセンセーショナルに否定的にとらえる論調ばかりが目立ち、実際のところはどうなのか、という冷静な判断ができにくくなっている。

一方で、化学肥料や農薬を使わない「有機農業」や、そもそも肥料も農薬も使わない「自然農法」の存在がきわめて魅力的に語られ、環境や食の安全に関心のある人々を惹きつけている。しかし、実際のところはどうなのか、現実にはどの程度実現しているのか、という冷静で客観的な判断は、残念ながらあまり目にする機会がない。これは原発の自然エネルギーへの代替可能性論議に似ている。

本シリーズを企画するにあたり、センセーショナルな論者ではなく、科学的かつ客観的で冷静な、あるいは農業の実践者ならではの経験蓄積から語られる、説得力のある言葉をもつ筆者にお願いした。そのため執筆者の範囲はたいへん広くなり、大学や研究機関の研究者では、農学にとどまらず、生物学、植物遺伝学、文化人類学、経済学、哲学、歴史学、社会学にまでおよぶこととなった。研究者以外では、穀物メジャーや大商社の現役商社マン、世界規模の化学会社、種苗会社、食品関連企業、また農業関係のジャーナリストやコンサルタント、大規模農家、農業関連ＮＰＯの代表や農業ベンチャーの経営者まで幅広い。その結果、執筆者の年齢も三〇代はじめから七〇代まで広がった。また筆者選定にあたり、ＴＰＰに賛成か反対か、遺伝子組換え問題に賛成か反対かという立場を「踏み絵」的条件にすることを避けた。

この企画作業の過程で、「農業」という人間の営みがもつ多面的な姿に気付かされることになった。「農業」は生産活動である前にまず「文化的な営み」であることを感じ、企画の基調に「農業は文化である」という視点を立てることとなった。

この広範な視野を取り込む編集作業にあたり、多くの方のご協力、ご教示を得た。ここに記し、深く感謝する次第である。

平成二六年五月

本シリーズ企画委員会

環境と共生する「農」

――有機農法・自然栽培・冬期湛水農法

目次

本文ＤＴＰ　ＡＮＤ・Ｋ
企画・編集　エディシオン・アルシーヴ

第1章　環境と農業の新たな可能性

——食・農・環境をめぐる世界と日本——

古沢広祐

古沢広祐
（ふるさわ　こうゆう）

1950年，東京都生まれ。
國學院大學経済学部教授。
NPO法人「環境・持続社会」研究センター代表理事。

大阪大学理学部生物学科卒業。京都大学大学院農学研究科修了（農林経済学），農学博士。地球環境問題に関連し，永続可能な発展と社会経済的な転換について広い視野での研究を行う。また経済学のなかでも，隣接するさまざまな学問領域を取り入れ総合的な視点で研究する経済ネットワーキング学科に在籍し，活発な情報発信を行っている。『共存学』『共存学２』（國學院大學研究開発推進センター編，弘文堂，2012年，2014年），『共生社会の食と農』（家の光協会，1990年），『地球文明ビジョン』（NHKブックス，1995年）他著書・論文多数。

1　生命を支える農・食・環境

「身土不二」を学ぶ

生命の根幹を支える食と農の世界をみつめることで、私たちは、この世界がどう変化し、どんな問題を抱えており、何を展望すべきか、鮮明にみることができる。私たちが二一世紀において調和のとれた「自然（大地）と人間」の関係を再び作りだせるかどうか、その課題と可能性が、農・食・環境を通して見出せるのである。

興味深いことに、日本語では、食料（一般的な食べ物）、食糧（穀物など基礎食料）、食品（加工・調理が加わったもの）等の細かい使い分けや、「食」「農」という一文字で広い概念を表そうとする言葉の使い方がある。また、「食べ物」の語源が、神（天地自然）からの「賜り物」とする考え方や、「身土不二《しんどふじ》」（身体と大地とは分かち難く結びついている）といった思想も継承されてきた。身土不二は、いわば内なる環境（人間の健康）と外なる環境（自然や地球環境）とが分かち難く結びついていることを端的に表現した言葉である。それは、近年広がった「ロハス」（Lifestyles of Health and Sustainability：個人の健康と地球環境保全を共通認識でとらえる考え方）の元祖ともいえるものである。あるいは「医食同源」といった言葉も再評価されだしており、私たちの心身の健康が食の在り方と分かち難く結びついていることへの認識に光があたり始めている。

そういった意味では、食と農から来るべき文明の展望を思い描くことに関して、日本という地理・歴史・文化的な風土に住んでいることは、恵まれた位置に置かれているのかもしれない。しかしながら、現実はといえば、それを再認識する以前に、私たちはその土台を崩壊させてしまう危機的な事態にすでに陥っているのではないか。人類の発展を近代化のプロセス、経済発展の姿としてとらえた場合、農業は遅れた産業、もしくは衰退し縮小していく産業としてイメージされる場合が多い。第一次産業（農林水産業等）から第二次産業（工業等）へ、そして第三次産業（商業サービス業等）へとシフトしていく産業の発展パターンが近代化のプロセスだと思われてきたからだ。イメージ的にいうならば、大地からの離脱、泥臭い世界との決別の道を歩んできたといってもよい。しかしその結果、私たちは大切なもの（自然との豊かな交流の世界）を失い、公害や環境問題などにみられるような自然からのしっぺ返しを受け始めている。

大地と人間を結ぶ「へその緒」

私たちは、かつて想像もできなかったほどの「もの」の豊かさを享受できる社会に生きている。ありとあらゆる食べ物を世界中から入手して、飽食のかぎりをつくせる状況のなかで、私たちはかえって「もの」や食べ物を粗末に扱うようになっている。食べ物や農業の世界の持つ奥深い意味を感じとる感性をにぶらせてしまい、十分に認識する力を失いかけているのではないか。

食べ物とは人間の命を支える、生きるための糧《かて》であり、農業はその食べ物を自然の力を借りて作り出す太古の昔から行われてきた営みである。ほんの少し昔を思い起こすと、お供えもの・供物《くもつ》といった風習にみられるような、食べ物を神聖なものとして扱う行為が日常的に行われていた。つまり食べ物とは、人の世界と神の世界を結びつける神聖な意味がこめられたものだった。お祭りなどの行事においては、神様に食べ物を捧げる神饌《しんせん》が中心的な位置を占めていた。

また、かつては随所でみられた田の神、山の神の信仰においても、農業という営みに際しては大地・自然との交流を象徴する行事がつきものであり、宗教的・精神的な意味あいと深く結びついていた。それは古くさい迷信の世界と考えられがちだが、その根底には、食べ物や農業を通して人間は深く自然の力を実感し、自然と共感しあい、交流しあう豊かな感性を育む世界があった。

私はかねてから、人間にとっての「食と農」について、大地（自然）と人間を結ぶ「へその緒」にたとえてきた。母親の体内に宿る胎児が「へその緒」を通じて命の糧を手に入れている姿を連想するからだ。地球と人間は、食と農という行為（回路）を通してつながっているのであり、人間がその命の糧を大地（自然）からくみ取る行為、それが農業であり食生活なのである。

農業を、たんに栄養素のかたまりとしての食べ物を製造する工場といったイメージでとらえるのは、いかにも貧弱な発想である。同じく、食べ物を味覚や栄養素だけでみてしまうのも、大地と私たちをつなぐ豊かな世界を切り捨ててしまう狭い認識である。食と農をめぐる世界は、大地と自然が織りなす生命の多様でダイナミックな働きを体現するものであり、奥深い世界を底に秘めた営みなのである。

豊かさの陰で進む出来事

今、私たちを取り巻く存在基盤が大きくゆらいでいる。この地殻変動の背景には、生活・

労働・個人のアイデンティティのレベルから、社会・文化・地域そして地球環境にいたるまで、人びとの存在の根幹を突き崩す巨大な力が作用している状況がある。とくに生命に直結する食・農・環境面においては、さまざまな矛盾がきわめて具体的かつ直接的に現れやすい。現代社会の矛盾、より広くは文明発展をめぐる攻防戦が、とりわけ食・農・環境を軸としてグローバルに展開しており、以下では、そこに立ち現れている現代的矛盾の根元に迫っていくことにしたい。

生命を支える源となる食の世界は、今、日本の私たちの暮らしぶりにみる如くあふれんばかりの豊かさを謳歌している。しかし、その豊かさの半分以上は遠く海外からの供給に頼っている（熱量ベースの食料自給率は約四割）。世界規模の市場化・グローバリゼーションの波が私たちの食生活を巻き込んだ結果の現れである。世界中から運び込まれる多種多彩な食材や世界各国の料理を楽しむことができる一方で、私たちは「豊かさのなかでの不安」という奥深い矛盾を抱え込んで生きている。

身近な問題としては、東日本大震災時に起きた原発事故による放射能汚染、口蹄疫被害、Ｏ－１５７大腸菌、ＢＳＥ（狂牛病）、農薬混入事件、不正表示食品など、食の安全性や信頼性を脅かす出来事が起きてきた。その一方で、メタボリック・シンドローム（肥満等）

など食に関わる健康問題や拒食症など食生活（社会生活）の歪み現象が顕在化している。あるいは、二〇〇七～〇八年に顕在化し、その後も不安定さを強めている世界的な食料危機的状況（価格高騰）からも目を離すことができない。二〇〇八年の世界金融危機は、世界経済を低迷させて食料や資源の価格上昇を一時的に抑えることになったが、経済的には失業問題や生活不安などを生み、貧困・格差の拡大という、より深刻な事態へと進展したのだった。

拡がる安全格差社会

まず食品の不安に関連する状況から、近年の動向を振り返ってみよう。近年の食品安全をめぐる問題の続発が、消費者を安全志向に駆り立ててきたかにみえる。健康志向に加えて安全が付加価値として再認識され、食品メーカーや量販店も「安全・安心」を高付加価値の柱に位置づけ、商品開発と販売に力をそそいでいる。対外的な状況としては、たとえば中国産食品の安全性（農薬残留、メラミン混入、毒入り餃子、食品工場事件等）への不安問題を背景に、中国国内で高価な日本産（粉ミルク等）の売り上げが急増したり、アメリカでも健康食品メーカーが中国産不使用を売り物にしたりといった動きが起きた。そして、日本の原発事故を契機にチェルノブイリ原発事故の再来のように、食品の放射能汚染が国内でも国外でも大きな関心事となり、さまざまな話題が飛び交った。

しかし、近年の「安全」が大きな価値として価格に反映される事態については、反面としてお金を出さなければ安全を確保できない状況が食生活にまでおよんでいることを意味している。深刻化する格差社会の現実が、日々の食の安全や健康においても「安全格差社会」として立ち現れ始めたといってよかろう。その典型例は、アメリカ社会においてみることができる。

国民の一三パーセントが貧困ライン以下の生活にあり（米国勢調査局による貧困定義基準）、上位五パーセントの人びとが国民総所得の六割を占める超格差社会アメリカでは、低所得階層とりわけ貧困層における栄養疾患が長年問題となってきた。とくに金融危機以降ではその問題はより深刻化している。格差は従来型の栄養失調のみならず、栄養過多・肥満など食のバランス失調として現れており、低価格で質の悪いいわゆる「ジャンクフード」漬けにおちいる貧困層と、自然食品・健康食品など高付加価値商品を享受できる豊かな階層との安全格差が、身体・健康面にまで反映される事態を出現させている。アメリカのコミックや雑誌イラストに表現される富豪の姿は、かつては恰幅よく葉巻をくわえてふんぞり返る姿が描かれたが、今日では一変しており、スリムでスマートな容姿として描かれるようになった。

日本社会においても、あるいは途上国を含む世界各国でも、アメリカと同様のこうした状況が進行しているかにみえる。昨今の日本社会は、「勝ち組」「負け組」といった言葉に代表されるようなアメリカ型の格差社会に追随する動きがさまざまな場面でみられる。食品の質や安全においても例外ではない。無添加で産地限定の高級食材が地域ブランド品として注目を集め、有機・無農薬の食材を売り物にした自然食品店やレストランが脚光を浴びる一方で、生活費を切り詰めて一円でも安く食費をあげようと汲々とした生活をおくる人びとがいる。

そこにみえてくるのは、食と健康をめぐる安全格差社会が出現しだした状況であり、食の安全と質を確保できる所得の高い層と、それらを手にすることができない低所得者層という二極化社会の出現である。言葉をかえれば、健康と安全が経済的価値として値づけされる社会、お金が無ければ入手できない社会といってもよい。こうした私たちの社会の内部で進む、とくに食と健康に関わる不安感はきわめて根深いものではないか。すなわち、食や健康という基本的な人権に緊密に関わる世界が揺らぎ不安定化する事態が進行しており、このことは日々の暮らしへの不安感ないし不安定状況とまさに直結している。

こうした状況認識に立てば、食と健康をすべての人に取り戻すことによる安定感と安心感の重要性が理解できるのではなかろうか。そして、食と健康を支える農林漁業などの第一次産業、さらにはこうした産業を支える環境汚染のない豊かな生物多様性をもつ自然環境、それらが万人のもとに安定的に確保される世界が、いかに重要であるかが認識できるのではと思われる。

以下では、内なる環境（健康や安全）、外なる環境（自然環境や第一次産業の基盤）をめぐるさまざまな不安要因について、より詳細にみていくことにしたい。まずは最近の動向として、世界食料危機をめぐる動きから入っていこう。

2　世界食料危機の時代を生きる

深まる危機の構造

二〇〇七〜〇八年前半にかけて、世界食料危機と呼ぶべき事態が途上国を中心に世界各地を襲った。その後、二〇〇八年後半からの世界金融危機によって世界経済の低迷が起きたことで、需要の縮小や経済のデフレ基調のもとで食料品価格の高騰は一時期おさまる経過となった。しかし、新興国経済を中心に世界経済が持ち直し基調にもどるにつれて、資源価格や食料価格の動向が再び不気味な動きをみせてきている。

食料価格の特性は、必要な需要量を超えると大きく低下する反面、供給量が不足すると極端に高騰するきわめて不安定な特徴を持っている。とくに「市場」というシステムは、比較的短期間での需給のバランスにおいては調節機能を発揮しやすいが、中長期的な変動に関しては不安定的、不確定要素が大きくなりやすい（変動を回避するために先物取引等が重要視されてきた）。従来からの動きをみると、需給逼迫による価格高騰や食料危機的な事態を迎えると、生産拡大や供給体制が整備されることで徐々に調整され、比較的過剰基調に移行していき、その結果として価格が安定して価格低迷状況が続く。そうした状態は、人びとの危機意識が薄れる状況を生むとともに、再び均衡を崩して食料危機を再現するという現象を繰り返してきた。それはちょうど経済のバブル現象とよく似ており、注意していても過ちは繰り返され、「天災は忘れたころにやってくる」という諺のごとく危機的事態の再来を招いてきたのだった。

グローバリゼーションが進行する今日の世界では、相互依存性がかつてないほど世界各国を密接に結びつけており、ちょっとした出来事や不安定な事態が思いのほか大きな波紋を引き起こしやすい状況にある。それは瞬時に動く金融界の世界的な変動状況に典型的に示されている。これまでも幾度となく起きてきた需要と供給の逼迫による食料価格の変動は、グローバル化した世界において、新たな不安定性を徐々に膨らませつつある。その意味では、二〇〇七〜〇八年に起きた世界食料危機を一過性の出来事として見過ごすのではなく、どんな事態が起こったのかについて十分に考察しておくことは重要である。

当時、世界各地で何が起きたのかについて、ここで振り返ってみておこう。途上国を中心に三十数カ国において、大小さまざまな政治的混乱が続発した。象徴的な事件としては、カリブ海のハイチ共和国で食料暴動が多発し首相が解任されて政権危機が起きた。アジアでもコメの輸入に頼るフィリピンでは、価格高騰に対して混乱が拡大し、政府が緊急にベトナムから輸入した政府米を安く直接販売するなど対策に追われたのだった。エジプトでも、食料品が倍以上に値上がりしたことでストやデモが頻発し、長期独裁体制を敷いてきた当時のムバラク政権が揺さぶられた。この事態はいわば前触れ的状況であり、二〇一〇年に再び食料価格高騰のもとでチュニジアから始まった政権転覆（ジャスミン革命）の波は、エジプトにも波及し、ムバラク政権は瓦解したのだった。

二〇〇七年当時の中米では、年間に小麦とトウモロコシの値段がおよそ二倍に上昇し、これにともないエルサルバドルの農村地域における平均的なカロリー摂取量は、価格高騰前（二〇〇六年五月）と比べて四割減少したことが、国連世界食糧計画（ＷＦＰ）の調査で明らかにされた。ＷＦＰのシーラン事務局長（当時）は、この食料危機を「静かな津波」にたとえ、ＷＦＰ設立四五年来の最大の危機であるとの見解を表明したのだった。これまで世界人口の七分の一、約八億五〇〇〇万人が飢餓に苦しんでいたが、当時の食料価格高騰によって、さらにその数は一億人以上増えたという。

世界銀行・ＩＭＦによる貧困国支配

二〇〇六〜〇七年の食料および石油価格高騰（エネルギー危機）とあいまって、世界はまさしく新たな危機の時代を迎えたかにみえた。危機的状況に関して、ハイチとフィリピンを例にして少し深く掘り下げておきたい。

ハイチの動乱ともいうべき事態が起きてまもなく、米国の市民公共放送（ＮＰＲ）の番組「デモクラシー・ナウ」で、著名な人権活動家でニューオリンズ州ロヨラ大学の法学教授のビル・キグリー（Bill Quigley）氏が、問題の真相について興味深い事実を語った。

その真相とは、食料危機の深刻化の背景に、過去二〇年間にわたる世界銀行や国際通貨基金（ＩＭＦ）による構造調整政策があり、過度に輸入食料に依存する政策が強要されてきた問題が隠れているというのである。以下、その話の内容を簡単に紹介しておこう。

カリブ海、中南米、アフリカ、アジアの貧困国は、一九八〇年代から九〇年代にかけて世界銀行やＩＭＦから多額の融資を受けていた。その際の条件は、構造調整プログラムと呼ばれる政策を実行するというもので、公共サービスの民営化、自由貿易の推進と為替介入の縮小など、新自由主義と呼ばれる「小さな政府」をめざす政策が強要されたのだった。

その結果、構造調整プログラムを受け入れたほとんどすべての貧困国で、農業が崩壊し、食糧のほとんどを欧米の富裕国からの輸入に頼る構造ができあがった。多額の補助金によって低価格で供給されてくる欧米からの輸入穀物に対して、自国内の小農民による生産物は対抗できず、多くの農民が農村から都市へ移り住むことになった。ところが、昨今急にコメや小麦の国際価格が上昇することになって、輸入に頼ってきた貧困国が窮地に立たされたのだった。

ハイチの場合、八〇年代半ばには国内で消費されるコメのほとんどが自国産であったものが、米国からの安い輸入米に取って代わられ、現在では「マイアミライス」と呼ばれる米国産のコメが国内消費のほとんどを占めるようになったのだった。国民の八割以上が一日一ドル以下で暮らしているハイチの場合、輸入米の値上がりは死活問題となった。すぐには自給体制を再構築することは難しく、膨れ上がった都市人口を農村に戻し、荒廃した農地を回復するためには、膨大なコストと努力を傾けなければならない。

こうした事態に対してギグリー氏は、とりわけ米国など富裕国が、自分たちが進めた政策（市場主義の構造調整政策）の責任を棚上げにして、緊急食糧援助体制の整備だけを唱えることの欺瞞性とともにその偽善性を批判したのだった。

実は、フィリピンにおいても、ハイチとほとんど同様のストーリーが展開されていたことを、フィリピン大学のウォルデン・ベロー氏が、雑誌『世界』（二〇〇八年八月号「グローバリゼーションが創り出した世界食糧危機」）において、次のように紹介している。

マルコス独裁政権が崩壊してアキノ政権時代になり、フィリピン経済の建て直しが図られてきたが、積み重なった多額の債務の返済に向けて、世界銀行とＩＭＦによる構造調整政策がフィリピンでも行われてきたのだった。一部の輸出向けの企業的農業をのぞき、緊縮財政下で国内の農業基盤の整備が遅れ、農業生産力は低迷した。それに輪をかけるように、貿易自由化が追い打ちをかけた。一九九五年にフィリピンは世界貿易機関（WTO）に加盟し、コメ以外の農産物輸入すべてに対する輸入割当制度を撤廃した。米の輸入割当制度の存続は認められたものの、国の農業支援策がないためにコメの生産量は急速に低下した。政府は不足分を補おうと輸入割当量をはるかに上回る量を輸入することになり、国内に大量の安い外国米が出回るようになった。コメ価格が下落したことで、国内農家の生産意欲はさらに減退し、輸入依存体質が定着してしまったのである。

二〇〇七年三月末、アロヨ大統領は政府の配給米を横流しする業者を厳しく取り締まる強硬策を打ち出した。取締責任者の司法長官は、「横流し業者には最高で終身刑も」と意気込んだが、それはまさに対症療法でしかなかった。これまでに生産性の高い優良な水田の多くが、産業用地やバナナ、オイルパームなど他の換金作物栽培に転換されてきた。二〇〇七年度から政府は、水田の転用を厳しく規制するようになったが、輸入依存体質を変えるには多大な資金と農業振興策を打ち出す必要があり、現状では難しい。

（筆者要約）

起こるべくして起きたこの食糧危機の背景についてのベロー氏の報告は、傾聴に値する。

フィリピン、そしてハイチが陥った苦境は、けっして他人事ではない。日本もまた、多額の負債（政府財政の巨額の赤字）を抱えており、近年、民営化や公共サービスの削減などまさしく構造調整政策そのものが行われてきた。農業も厳しい環境に置かれており、高齢化や労働力・後継者不足のなかで、その根幹は大きく揺さぶられてきた。GATT（関税及び貿易に関する一般協定）、WTO、TPP（環太平洋経済連携協定）などへの対策として、多少なりとも農業の基盤強化への政策対応が行われてきたものの、自給率低下をくい止めるにはいたっていない。

世界を襲った食料危機的状況が私たちに示唆することは、食料安全保障を強固にするための新たな政策展開の必要性である。これまで日本の成長戦略であった加工貿易立国としての前提、すなわち資源、エネルギー、食料が、いつでもどこからでも安く手に入る時代というのは、今日、まさに終わりかけているのだ。

いずれにせよ食料危機については、さまざまな要因が重なった新たな複合的危機としてとらえる必要がある。その点を論じるにあたって、食料危機の状況について歴史的にたどりながら、今後に予想される危機の現れ方についてみていくことにしよう。

食料危機の第一の波

戦後の世界の食料危機的な状況については、大きく三つの波としてとらえるとわかりやすい（図1）。第二次大戦後まもなくの絶対的な食料危機（戦争終了時からの量的不足の時代、第一の波）から、近代化と生産拡大が進み、国際的な貿易が拡大するなかで絶対量という側面より構造的・質的な食料危機の状況が生じてきた。その象徴的出来事が一九七〇年代初頭の食料危機であり、初期の絶対的不足が克服されて需給が安定するかにみえたなかで、複合的な要素をはらんで生じた危機としてとらえることができる。

それは世界的な天候不順を契機としているが、グローバルな流通の拡大のなかで需給の逼迫（穀物の大量買い付け）などが引き金となりつつ、複合的な要因があわさって国際価格の高騰を招く事態として現れた。一九七二年に旧ソ連の小麦地帯が干ばつによる不作にみまわれ、小麦の大量輸入によって国際的な穀物価格が上昇した。また一九七二～七三年のエルニーニョ現象でペルー沖のカタクチイワシ（アンチョビー）が不漁となり、その多くが飼料として利用されていたことから飼料（穀物）価格の高騰に影響をあたえた。さらに米国でのダイズ不作も起き、そこに飼料需要の圧力からダイズ需要（ダイズ粕の利用）が重なったことで需給が極端に逼迫したのだった。

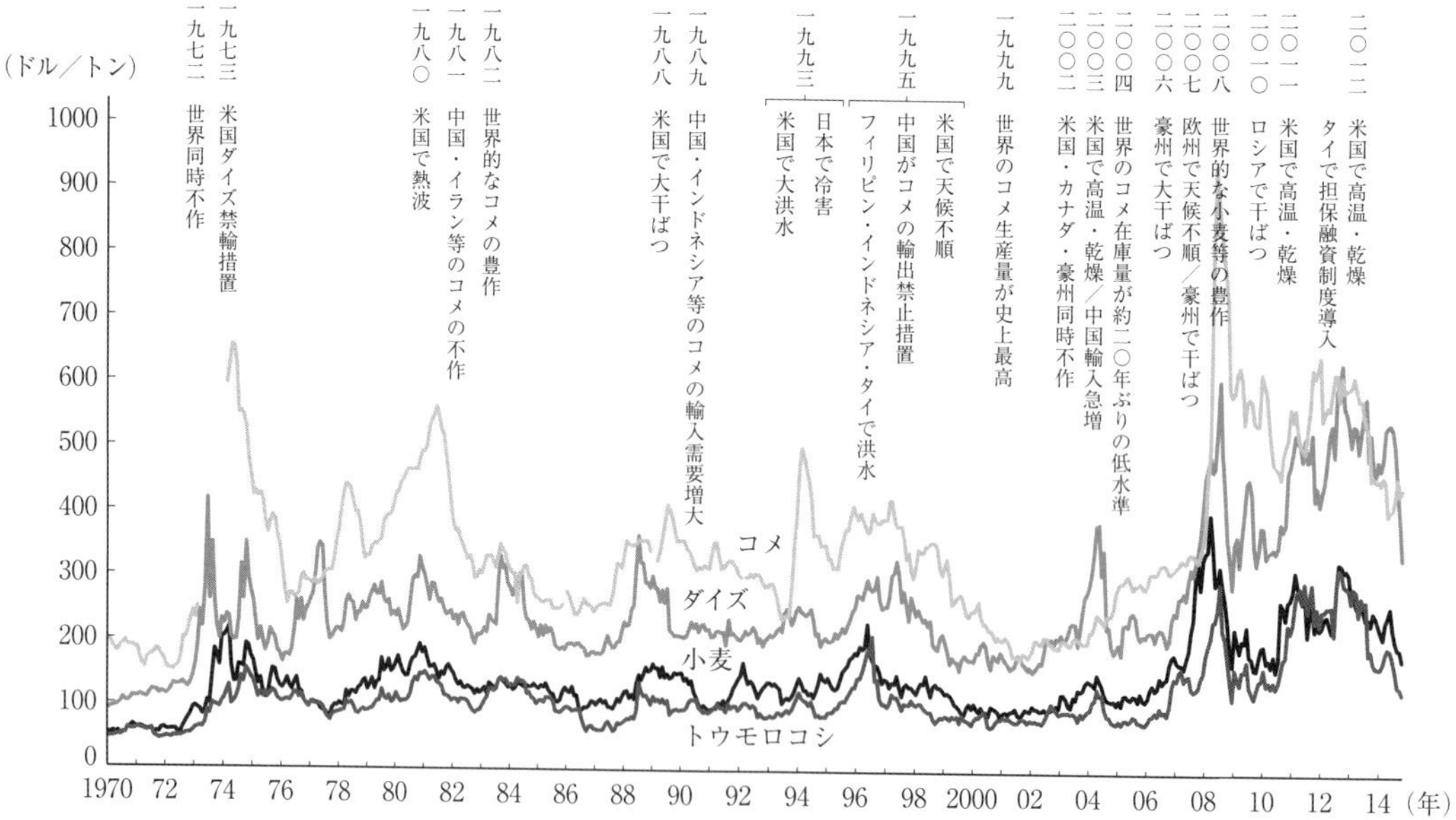

図１　穀物等の国際価格の動向

注：小麦・トウモロコシ・ダイズは，各月ともシカゴ商品取引所の第１金曜日の期近価格（セツルメント）である。
コメは，タイ国家貿易取引委員会公表による各月第１水曜日のタイうるち精米100％２等のFOB価格である。

出典：農林水産省ホームページ http://www.maff.go.jp/j/zyukyu/jki/j_zyukyu_kakaku/pdf/kaka_0116.pdf（2015年１月22日閲覧）より，一部改変

その結果、ダイズ輸出の制限措置がとられることになり、多くを輸入に頼っていた日本においてダイズ製品が高騰してダイズパニックが引き起こされた（一九七三年）。当時は、ちょうど石油ショック（原油価格の高騰）とも重なったことで、人びとの生活が大きく翻弄される大事件となった。一連の動きをみるかぎり、さまざまな要因が重なり合って、波及的に現象が起きた典型的事例としてとらえることができる。

その後、生産体制が強化され生産量としては再び過剰基調で推移していく経過をたどっていく。しかしながら、他方ではパニック的な食料危機とは異なるもう一つの矛盾も顕在化してきた。すなわち、絶対的な食料生産量は確保されているなかで、飢餓と食料不足に苦しむ人びとを抱える国々が生じていく「飽食と飢餓の並存的状況」が進行するのである（第二の波）。それは量的な問題というより構造的・質的な問題ととらえることができる。

食料危機の第二の波

構造的・質的という意味は、スーザン・ジョージの有名な著作『なぜ世界の半分が飢えるのか』（邦訳、朝日新聞社、一九八四年）で問題提起されたように、量的な不足という単純な問題ではなく、いわば商品作物として世界流通する構造が作り出す飢餓問題という矛盾を表現している。地域や自国内で基本食料を生産できるにもかかわらず、経済構造とりわけ貿易依存体制（国際分業）によって他国に売る輸出用商品（換金）作物が優良農地を占有してしまい、土地や生産基盤を持たない貧者と弱者が排除されることから、飢えに苦しむ人びとの状況が生じているのである。

それは、従来の経済合理主義的な考え方への批判ないし矛盾として立ち現れている。これまで、「比較優位の経済理論」（互いに有利な産業に特化して貿易すると双方にメリットが生じる）を背景にして、安いもの（基本食料）を他から買い付けて、より高く売れるものを販売することで総体的に経済的豊かさを実現するという考え方（経済合理主義）が主流をなしてきた。それは、国際市場における貿易関係のみならず、いわゆる市場原理主義や規制緩和政策がはらんでいる矛盾としても共通する側面をもつ。結局のところ、そこでは誰のための豊かさがより多く実現されるのか、結果として格差を生じさせる関係性が見過ごされがちとなり、どちらかといえば「儲けの論理」（儲ける人がより有利になる）に偏った考え方に陥りやすい側面を持っていたのである。

より一般化していえば、そこでは往々にして、大金を手にできる人と損を強いられる人、対等性という面では機会から排除される人さえ生み出しやすい矛盾（非対称性）を内在していたということである。そのことは、途上国での貧富の格差拡大の一要因となっており、また昨今のアメリカ社会や中国社会における格差問題を生む背景にもなってきた。これは社会的不平等ないし社会的コストを生じてしまうという意味では、外部不経済（公害問題など、第三者が受ける不利益）という問題としてもとらえることができる。

外部不経済という点では、食の世界での「グローバル化」により、質的な意味で食生活の内容が多様性を失い、地域の農業とのつながりや風土性を育んできた食文化などが急速に失われる事態を生じてきた。食文化の意味内容は形骸化し、味覚や栄養面での単純で画一的な評価が大勢を占めることで、いわゆる西欧化が急速に進んだ。すなわち、肉食傾向を強め、ハンバーガーに象徴されるように画一的、ファッション的な色彩をおびて、風土や地域・文化的な色彩を失っていく状況（ファストフード化現象）を進展させてきたのだった。こうした全体的な動向をみるかぎり、量的な側面のみならず構造的・質的にも、豊かさの中身の変質という問題がそこには横たわっていると考えられる。

食料危機の第三の波

そしてその後、最近の食料危機的な事態は、さらなる複合的な要因が重なり合うかたちで進行している点に特徴がある（第三の波）。貿易面でいえばものの売買の範疇を逸脱して、まさに投機（マネーゲーム）の対象として穀物（基本食料）が位置づけられる状況や、穀物と食料作物がバイオ燃料として利用される状況が生じた（エネルギー市場との競合）。さらに気候変動（地球温暖化）や生物多様性の危機による生産基盤そのものの脆弱化が進行するといったように、複数の危機的状況が絡み合ってより複合性をもって出現しているのである。

ただし現象的には、ちょうど一九七〇年代初頭の食料危機とよく似た動きが起きているようにみえる。量的な側面でみたとき、世界の穀物の期末在庫が大きく低下して、七〇年代初頭とほぼ同水準にまで落ちており、また当時の石油ショックを彷彿させるような原油価格の高騰も起きたことから、事態の深刻さの再来が予想されるのである。しかしながら、急激に価格高騰した要因のかなりの部分が投機マネーの流入といった人為的影響であったことは、金融危機後の価格低下で明らかになった。とはいうものの、バイオエタノール需要の動向や中国・インドなど新興諸国の需要拡大によっては、多少とも波乱含みの食料危機的な状況が今後とも懸念される（図2）。

将来の動向を考えるにあたっては、大きくは世界経済の質的な変質（金融バブルの崩壊）

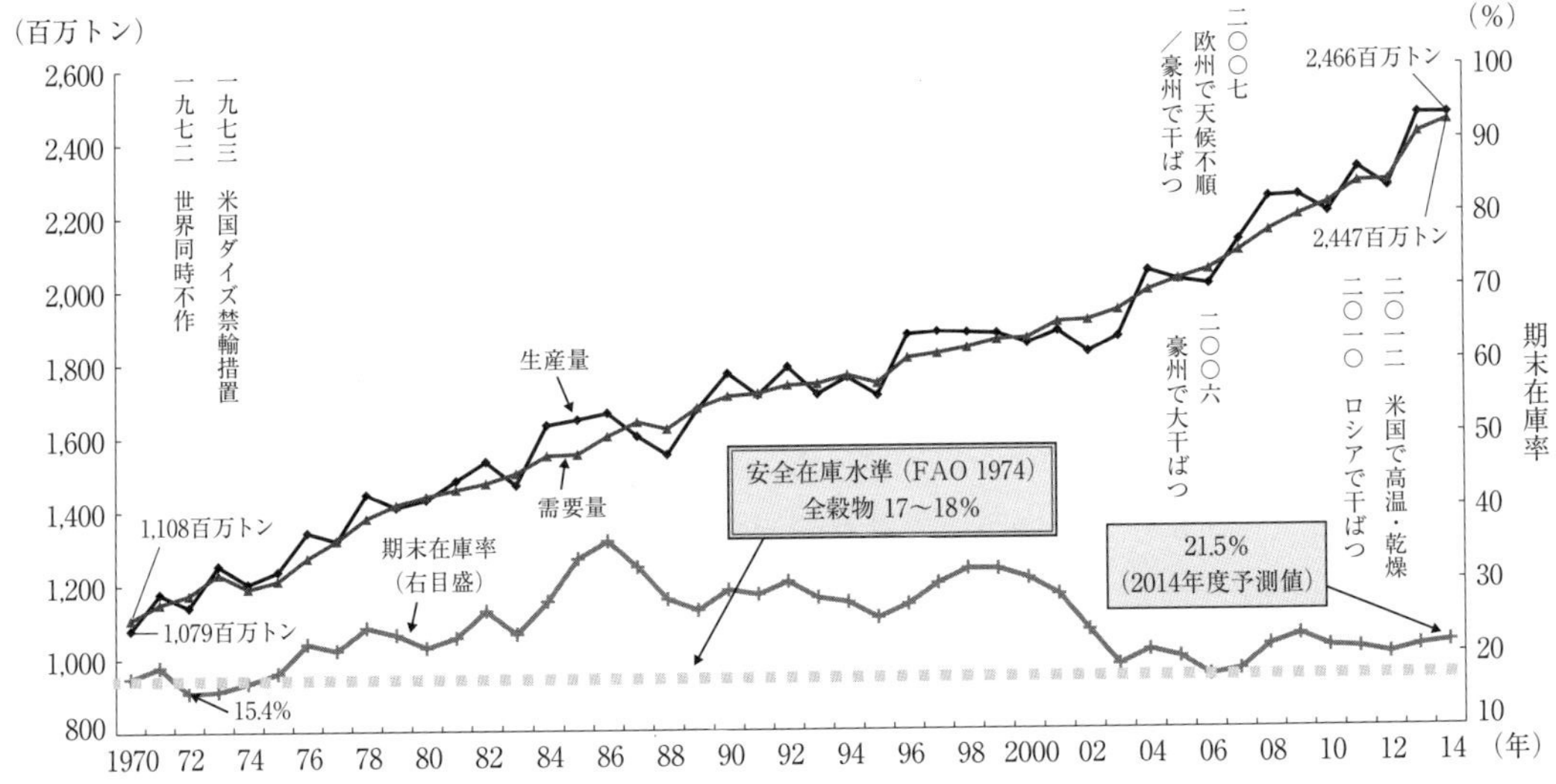

図２　穀物（コメ，トウモロコシ，小麦，大麦等）の需給の推移

注：USDA "World Agricultural Supply and Demand Estimates" (September 2014), "Grain: World Markets and Trade," "PS&D" より。
なお，"Grain: World Markets and Trade" と "PS&D" については，公表された最新のデータを使用している。
出典：農林水産省ホームページ http://www.maff.go.jp/j/zyukyu/jki/j_zyukyu_kakaku/pdf/zyukyu_1501.pdf（2015年１月22日閲覧）より，一部改変

といった状況や、地球規模での資源・環境の制約が顕在化しだしていること、さらに環境の世紀と呼ばれているように、従来の大量生産・大量消費型の経済発展パターン自体（物質的豊かさの追求）がいよいよ限界に直面しだしているといった状況をふまえて見通していく必要がある。

時代は、転換期的な様相をさまざまな局面において呈している。世界人口の動態においても大きな構造的な変化が進行しているが、食料問題とのつながりでは、あまり注目されていない。国連人口統計によると、世界全体で都市人口が農村人口を上回る事態が起きている（二〇〇八～〇九年）。すなわち、世界規模で食料の消費人口（都市）が生産人口（農村）を上回ったことを意味しており、食料生産・消費構造の根底が大きく変化しているといってよかろう。とくに中国では、二〇一〇年度に日本を抜いてGDP世界第二位となるとともに、人口動態的にも都市人口が農村人口を上回る状況にある。

人類のフードシステム（食料生産・供給体制）は、現状の推移をみるかぎり、集約化と産業化が進み、少数の巨大穀物メジャーや巨大流通・商業資本（スーパー）の支配下に組み込まれていくことになる。世界的な食料危機が、とくにアメリカを発信源とするグローバリゼーション（「貿易自由化」と「構造調整政策」）によって、各国の自給政策（農村と家族農業の保護）が解体されてきたことで深刻化した経験に学ぶ必要がある。残念ながら農業・農村はますます衰退していき、食料は商品化と貿易品目に組み込まれ、儲けの手段に取り込まれていく現実は今も進行している。かつて一九七〇年代の食料危機と同様、次なる危機でもアグリビジネスは危機をチャンスに、利益拡大を図る状況が起きるだろうことは十分に予想される。

しかし、危機を別のチャンスとする〝もう一つの道〟を展望する機会ととらえるべきではなかろうか。各国・各地域の食料主権を農民や多様な地域社会の人びとの手に取り戻し、真の意味での危機克服の道を築くことが求められている。本章の最後にはそうした展望を見出していくための道筋についてふれるが、まずそのための前提として、世界のフードシステムの状況と、我が国の食と農の変遷を振り返って考えてみることにしたい。

3　変わる世界のフードシステム

内なる環境の危機の時代

今日ほど物質的な豊かさを謳歌できる時代はかつてなかった。しかしながら、人類の豊かな繁栄ぶりの反面では、一方で地球環境問題などの「外的環境」における異変が起き、他方では心身に関わる「内的環境」における不安要因が徐々に増大しつつある。なかでも気候異変に代表される地球環境問題に比べて、内なる環境に関わる現状の危機認識はあまり進んでいるとはいえない。

人類の脅威として最近注目を集めだしたのは、一時は近代医療技術とりわけ抗生物質などによって克服されたと思われていた感染症の新たな脅威である。SARSや鳥インフルエンザ、最近のエボラ出血熱などに代表される新感染症は、急性かつ劇的な症状によって死に直結しやすいことから、人びとに大きな関心を呼び起こした。しかし世界保健機関（WHO）や国連食糧農業機関（FAO）によれば、世界的傾向として、急性の伝染病による死亡よりも非伝染性の疾病（いわゆる慢性疾患等）による死亡数の方が多くなっているという。すなわち、人類が直面している健康上の危機の重要課題となってきたのは、生活習慣とりわけ食習慣や食事内容の急速な変化がもたらす新たな脅威だというのである。

人類の豊かさの裏側をみると、世界の状況は手放しで賞賛するような事態ではないことがわかる。七〇億人を数える世界人口のうち、約三割におよぶ二〇億人以上の人びとが不適切な栄養バランス状態のもとで寿命を縮めている。二〇億人のうち、一方では、一〇億人近い人びとが栄養不良状態におかれており、二〇一五年に飢餓人口の半減をめざす国連のミレニアム目標（MDG's）の達成が危ぶまれたのだった。栄養不足という過小状態に対して、他方では、一〇億人以上の人びとが肥満または太りすぎとなっており、近年は途上国でもその傾向が顕著になっている。

欧米諸国などの先進国に典型的であった肥満人口をみると、世界一の肥満大国アメリカの場合、一九七〇年代終わりから一九九〇年代初頭にかけて肥満人口は倍増し、成人の四分の一以上、子供でも一二パーセント以上を占めるようになった。英国でも一九八〇年から二〇〇〇年にかけて肥満人口が三倍（七パーセントから二一パーセントへ）になっている。日本の場合も、基準値に差はあるものの、最新のデータによれば成人男性（二〇～六〇歳）の肥満が二四パーセント（二〇〇〇年）から三〇パーセント（二〇〇三年）へと急増する傾向を示しており、厚生労働省が進める「健康日本二一」の目標値である一五パーセント以下を大きくはみ出していることが判明した（欧米では肥満の程度をはかるＢＭＩ値で三〇以上を肥満と分類しているが、日本では二五以上。ＢＭＩ：Body Mass Index）。

多くの途上国においても、この一五年間で肥満人口が倍増している。とりわけ心配されているのが子供たちの肥満傾向で、すでにジャマイカやチリの子供たちでも一〇人に一人が肥満になっているという。長年、栄養不足と飢餓に苦しんできたエチオピアやインドでも肥満が顕在化しており、肥満拡大傾向は新興の経済発展諸国の東アジアや中東にまでおよんでいる。

こうした肥満現象のグローバル化は、自然な現象として生じているわけではなく、現代世界の矛盾構造とりわけグローバルな食と農のビジネス戦略と不可分に結びついて進行している。以下、グローバル・フード・ポリティックスの視点に立って、問題の本質をみていくことにしよう。

「フード・ウォーズ」とフード・ポリティクス

近年、農業白書や農業基本計画においても、「食の安全」とともに「健全な食生活」は重要テーマに位置づけられるようになった。だが、人の健康問題は厚生労働省の管轄となっているせいか、その記述はきわめて一般的な内容にとどまっている。しかし冒頭でみた通り、事態はきわめて深刻な状況下にあり、現代世界の人間生活の根底が大きく揺らいでいる。そうした視点を明確に提起した本として『フード・ウォーズ――食と健康の危機を乗り越える道』（邦訳、コモンズ、二〇〇九年）の翻訳に携わったので、ここに紹介したい。

食と農に焦点を絞って、現代社会に起きている異常事態を表現すると「フード・ウォーズ」の時代といってよいのではなかろうか。同名の書籍が英国で刊行されて、筆者も日本語訳で紹介したわけだが、これは大宇宙を舞台に展開されるSF映画「スター・ウォーズ」を比喩的に取り込んだ表現である。共著者の一人は「フード・マイル」(食品の移動距離の指標)の考え方を普及したティム・ラング氏である。同書の問題提起を私なりに簡略化してみると、以下のようになる。

人類の歴史では比較的最近登場した大規模な工業的食料供給と食料経済システムは、空前の人口増加を促して、十分な食料供給と一年中便利な加工食品を数多く提供した。だが、システム自体の持続可能性への危惧が認識されるようになり、また先進国・途上国それぞれに食をめぐる危機的状況が進行していることが明らかになった。大きくは、①「世界人口の一割を超える人びとが飢餓にあえぐ一方で、ほぼ同数の過剰な飽食と肥満疾患の増加という食の格差問題」、②「BSE問題から漁業資源の枯渇まで環境の異変に関わる諸問題」、③「遺伝子組換え技術の導入、世界的規模で拡大する企業(アグリビジネス)支配の増大」、④「不適切な食事から生じるさまざまな健康リスク問題(心臓疾患、ガン、肥満、糖尿病など)」、これらの矛盾は食と農を支える社会・経済・政治の構造が生み出したものと、本書の著者は考察している。

同書では、食の未来がどのように形成されるかについて、三つのパラダイム、①生産主義、②ライフサイエンス主義、③エコロジー主義、のせめぎあいとしてとらえている。二〇世紀から引き継がれている生産主義が修正と変革を迫られるなか、人間の健康的生活を、産業化のなかで科学的な分析手法を駆使して個別対応と統合化によって達成していくか（ライフサイエンス主義）、個々人の健康を環境全体と密接につながる存在ととらえ経済・社会・自然関係の再調整において再建をめざすか（エコロジー主義）、重大な岐路に立つとしている。

そこでは、人類社会の危機的状況に対して「食と農の政策」こそが重要な鍵をにぎっている。とくに、個々人の疾病や不健康な状態から、生態系の破壊や地球環境問題にまでつながる一連の連鎖システムの全体像を、明確に認識することの重要性が強調される。「フード・ウォーズ」は、食の未来について、人びとの心理（精神世界）、市場（マーケット）の世界、消費者としてのあり方、産業社会の政治的構造などをめぐって、諸勢力がしのぎを削る闘いの場として描き出されている。

同様の問題意識に立って、とくに消費者が食品産業の強い影響下で健康への脅威にみまわれている事態（食生活支配の構図）を告発した注目の書に、マリオン・ネスル著『フード・ポリティクス』（邦訳、新曜社、二〇〇五年）がある。巨大食品ビジネス、政治家、栄養学者が三位一体となって形成する食生活支配の実態が、豊富な資料によって明らかにされている。著者は、ニューヨーク大学栄養食品学科の教授であり、「栄養と健康に関する公衆保険局長官報告書」（一九八六年）の編集にたずさわった過程で、食品業界からのさまざまな圧力を受けた経験を持つ人物である。アメリカ人の一〇人中六人は標準体重を超過し、約三割が肥満に陥っている。食べる量を減らすこと、とくに動物性脂肪と糖類の削減については、すでに一九七〇年代から警告が発せられてきたが、食をめぐる状況は改善どころか悪化してきた。その背後には強大な食品産業群をはじめとする業界団体があり、マスコミなどメディアへの影響力と政治圧力が、今日のアメリカ社会の肥満症を助長してきたという。とくに問題なのは、生徒たちの健康を犠牲にして学校経営とソフトドリンク会社が癒着し経済的依存関係を深めてきた実体である。液体キャンディともいわれるソフトドリンクを中毒のごとく毎日がぶ飲みするアメリカの若者たちの姿に、事態の深刻さが映し出されている。

同様の問題をコミカルに映画化した話題作に「スーパーサイズ・ミー」がある。「マクドナルドのハンバーガーを朝、昼、晩と一カ月間食べ続けたらどうなるか」、監督自らが人体実験を試みたドキュメンタリーとして、その様子が克明に映し出されるが、典型的なアメリカ人の食生活が凝縮されたものとみることができる。現在、こうした事態は米国に限ったことではなく、途上国を含めて世界中に急速に拡がりつつある。途上国の都市部を中心に近代化の波とともに、食生活の洋風化、とくにアメリカ化が浸透し、深刻な栄養過多と肥満症がまん延しはじめているのである。すでにアメリカでは一九九〇年代後半、肥満症に対する医療費支出が、全保健医療費支出の一二パーセントを占めたと推定されたが（『地球白書』二〇〇二～〇三、家の光協会、二〇〇二年）、この問題は近年急速にグローバル化しはじめている。

アグリビジネスの巨大化

消費の末端がグローバルに編成されてきたその構造について、よりくわしくみていこう。人類の食物連鎖の巨大ピラミッド化とモノカルチャー化は、社会経済システムにおいて展開をとげてきたものである。その食物連鎖の姿を、一般の生物世界の食物連鎖と区別する意味で「フード・チェーン」と以下では表記することにしたい。食料の生産・流通・消費の全体はフードシステムと表記する。フード・チェーンは急速に成長し発展をとげており、その特徴は、大きく四点ほどあげられる。生産のモノカルチャー化（工業化）、食品の外見的多様化（商業化）、製造・流通・販売の巨大企業化（寡占化）、グローバル化（世界市場化）として進行しているという四点である。

二〇世紀後半以降、農業生産における品種改良・機械化・化学化（農薬・化学肥料依存）は急速に進んだ。食料と食品も加工度を上げて多種多様な商品が生み出され、大量生産・大量輸送技術の進歩と貿易の拡大によるグローバリゼーションが大幅に進展した。それは日常生活をみればすぐにわかるが、今日、平均的なスーパーマーケットには約二万五〇〇〇種類の品物が並び（コンビニでも平均二五〇〇品目）、年間に二万種を超える飲料・食料品の新製品が生み出されている。そして原材料まで考えれば、多くの品物が国外からくるもので成り立っていることがわかる。

生物世界の食物連鎖は、範囲が生息域に限定して成り立つとともに長期的に共生的な相互依存関係を維持する傾向にあるのに対して、人類のフード・チェーンは地域から大きくはみ出している。このフード・チェーンは、「一次生産→輸送、二次生産（加工）→流通→販売→消費→廃棄」のプロセスを思い浮かべればわかるように、生産段階から消費段階

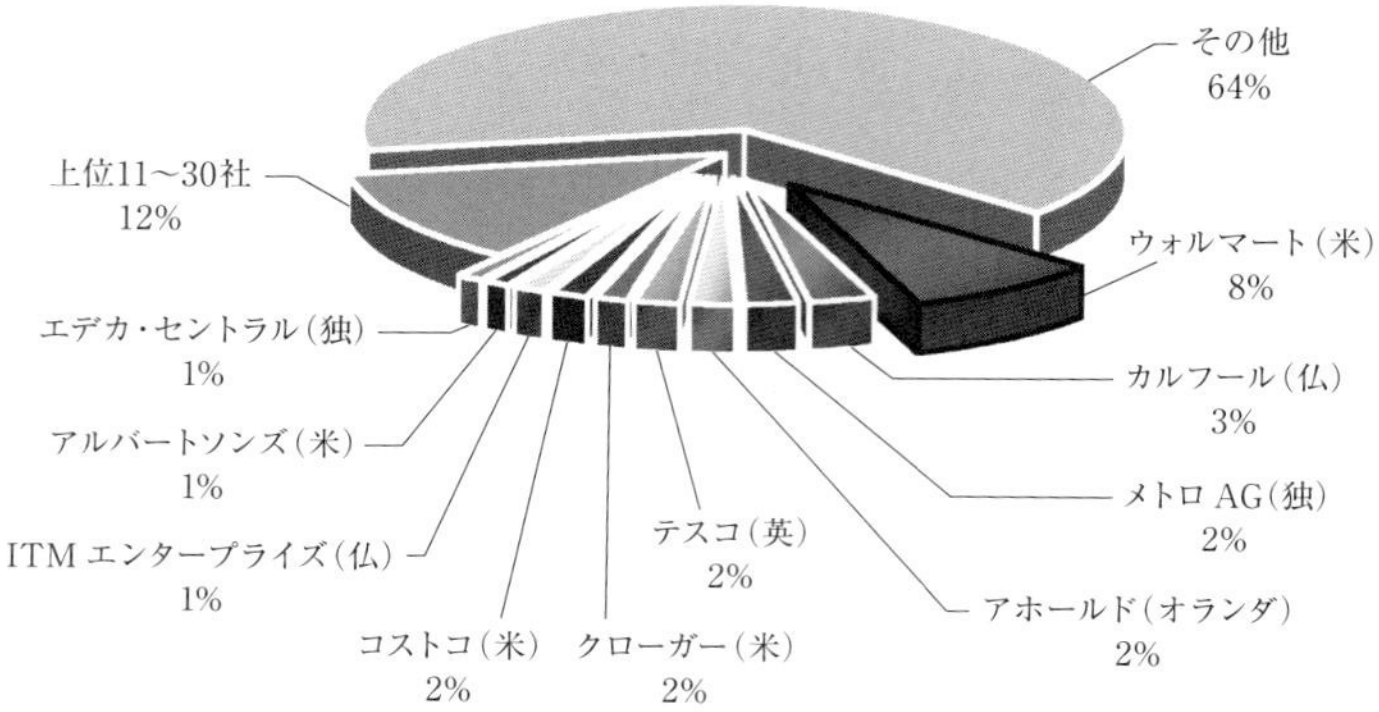

図３　巨大食品小売業10社が世界市場の24パーセントを支配する

出典：ETC group ホームページ http://www.etcgroup.org/content/oligopoly-inc-concentration-corporate-power-2005（2015年1月22日閲覧）

にいたるまで多大な資源、エネルギー、労力が投入され維持されている。人類のフードシステムを考える際は、その構造的特性を認識するとともに問題点をみていくことが重要である。

こうした生産から流通、消費の末端までグローバルに編成されてきたフード・チェーンの背景には、近年のアグリビジネス（農業関連産業）の動向がある。かつて一九七〇年代初頭に食糧危機が起きたときに、米国に本拠を置くカーギル社を筆頭に世界の穀物取引が少数の穀物商社によって集中的に支配され、膨大な利潤が蓄積された。その後、穀物生産の過剰と価格低下のなかで、流通のみならず生産資材調達・食肉加工・加工食品までいわゆる経営の多角化が進み、川上から川下まで世界の食料システムが少数の巨大アグリビジネスの強い影響下に置かれるようになった。それは先進諸国の私たちの食事内容が加工食品の割合を急増させ、食品への支出が加工品そしてサービス関連に大きくシフトしていることと密接に結びついている。すでにアメリカでは、消費者が支払う食費のうち、半分近くが外食で占められるようになった。

今日、ウォルマートを筆頭に巨大食品小売り業者の上位一〇社が、世界の食品市場の約四分の一を占め、この上位一〇社の収益は上位三〇社の収益の三分の二を占めるにいたっている（図3）。種子の販売では、上位一〇社が世界市場の約半分を占めており、農業関連バイオ技術分野では四分の三、農薬市場では上位一〇社が八四パーセントを占めるにいたっている。約二〇社ほどの企業が世界の農産物取引の大半を支配しており、穀物からコーヒー・紅茶・バナナ、そして鉱物資源にいたるまで、その貿易の六～八割が三～五社ほどの巨大多国籍企業によって取り引きされている。安い食料の大量生産と供給を実現したのは、肥料、農薬、種子、機械の改良、流通・情報網の革新であり、それを推進したのが巨大多国籍アグリビジネスの力であった。今後アグリビジネスの発展は、バイオ技術の利用がその盛衰を左右することから、化学会社、種子・食品関連産業等によるバイオ企業の買収や提携が盛んに行われており、遺伝子特許をめぐる開発競争にしのぎが削られている。

近年、ＷＴＯやＦＴＡ（自由貿易協定）を梃子《てこ》にして、貿易の自由化と市場経済の世界的拡大が進行している。日本でも自由化の促進が、経済界を中心に至上命令のごとく叫ばれ、より安い食料を世界各地から入手することが最優先されてきた。繰り返しになるが、食卓の豊かさという選択肢の拡大の一方で起こることは、外見上の食卓の多様化とは正反対に世界規模で国際分業化、モノカルチャー（単一耕作）化、巨大企業による品種・栽培・加工技術から食品の開発までが支配されるといった集中化と画一化が進み、深刻な多様性の喪失が世界規模で進行していくのである。世界の食料・農業システムが、いわば安売り競争のもとでグローバル規模でスーパーマーケット化していくような事態、あるいは画一化という意味で、食のマクドナルド化現象が起きているといってよかろう。

私たちは、地域のなかに刻み込まれてきた歴史と文化の積み重ねが、いとも簡単に放棄され、ただ安いという理由から食料を世界中から入手してしまうという経済構造への批判的認識をもっと深める必要がある。こうしたグローバルなスーパーマーケット化現象に対して、さまざまな側面から歯止めをかける時期にさしかかってきているのではあるまいか。

食の未来を形成する道とは

世界一の長寿を誇れるほどになった日本ではあるが、その内実をみると一〇人に一人が糖尿病などというように、生活習慣病（メタボリック・シンドローム等）は深刻化しており楽観視できる状況ではない。その意味では、望ましい食生活に向けて「食生活指針」が策定され（二〇〇〇年）、食育基本法の成立や「フードガイド」が出されたことは注目してよい（二〇〇五年）。しかし、アメリカと同様、実際の食生活指針の内容は、どちらかといえば個別的な栄養主義に偏しており、食・農・環境をめぐる「フード・ウォーズ」の時代状況をふまえた展望や政策的視点はほとんど読みとれない。

関連する民間での動きをみると、「スローフード」に象徴される取り組みが、各種業界を巻き込んでかなり大衆的な広がりをみせている。同じく近年、「ロハス」という概念が日本にも移入され、健康で持続可能（サステナブル）なライフスタイルをめざす新たな消費者層が形成されはじめている。いわば二一世紀の新たなビジネス領域として、エコ商品、オーガニックやフェアトレードなどが注目を集めるなかで、健康や環境、社会正義、自己実現やサステナブルな暮らしを重視する消費者と市場の形成が進んでいるかにみえる。

しかし、反面では大手の食品や医療・薬品メーカーは、健康こそが新しい巨大マーケ

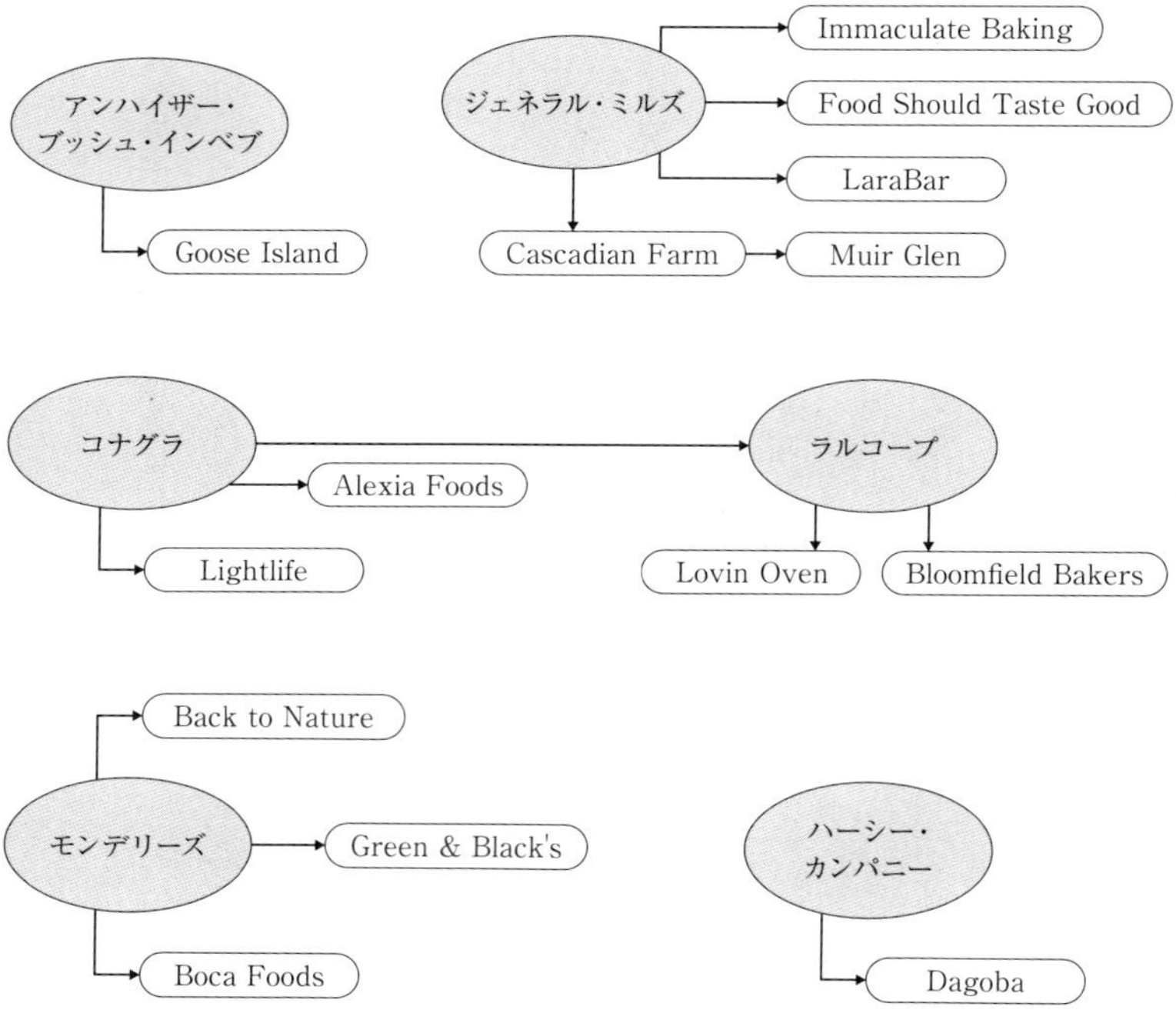

図４　オーガニック産業の構造：北米の主要食品メーカーによるオーガニックブランドの買収（2014年2月）

出典：ミシガン州立大学フィリップ・H・ハワード博士データ https://www.msu.edu/~howardp/organicindustry.html（2014年11月25日閲覧）をもとに一部改変

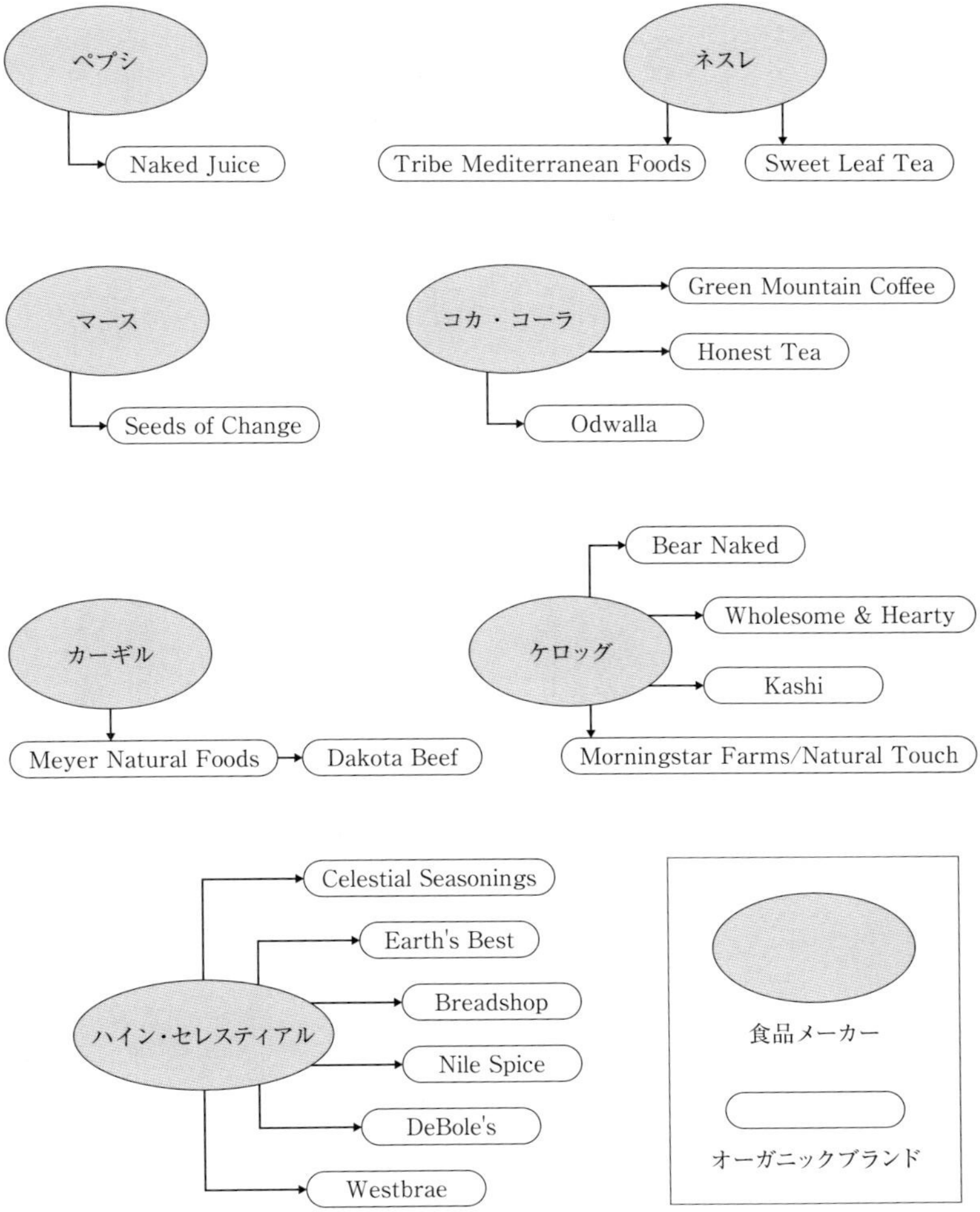
ペプシ
Naked Juice
ネスレ
Tribe Mediterranean Foods
Sweet Leaf Tea
マース
Seeds of Change
コカ・コーラ
Green Mountain Coffee
Honest Tea
Odwalla
カーギル
Meyer Natural Foods
Dakota Beef
ケロッグ
Bear Naked
Wholesome & Hearty
Kashi
Morningstar Farms/Natural Touch
ハイン・セレスティアル
Celestial Seasonings
Earth's Best
Breadshop
Nile Spice
DeBole's
Westbrae
食品メーカー
オーガニックブランド

ティング領域として着目し、消費者を「健康過敏症」へと追い込んで行くような動きをみせている。それは米国における健康サプリメント、栄養補助（機能性）食品の市場の隆盛ぶりにおいて端的に示されており、日本でも規制緩和の動きが活発化している。また、近年急速な拡がりをみせているオーガニック市場でも、地域の小規模業者が次々と巨大資本の傘下に入っており、オーガニックの世界でも巨大資本による寡占化が急速に進んでいる（図4）。

はたして私たちの健康が、巨大ビジネスが作り出すフード・チェーンに取り込まれ縛り付けられたまま再編成されてしまうのか、自己と環境との関わりを根底的にとらえ直して真に主体的に文化形成していく道を歩めるのか、大きな岐路に立っていると思われる。すべてをのみ込み、膨張を続けるマーケットの変貌ぶりは、政策的な対応を時代遅れにしかねない動きをみせている。しかし、目先の新しさやさまざまな装いを凝らす動きも、その根底を掘り下げると、意外に古い伝統的な世界につながっていることが多い。その意味では、「地産地消」や「身土不二」といった言葉の意味を再認識し、市民の側から地に足の着いたスローフードやスローライフの本来的な姿を、ローカルを基礎にしてグローバル世界に提起していく時代に入ったということでもある。

次節では、急激に変化してきた日本の食と農の変遷ぶりを戦後史の流れとともにたどってみることにしたい。社会と生活の近年の変容ぶりは、私たちの食と農の世界の変化に色濃く反映している。そして、この日本社会の変容ぶりは、今やアジアの世紀といわれるアジア近隣諸国の急速な発展ぶりと酷似するところが多い。その点からも、戦後の日本がたどった歩みを振り返り、そこに展開された光と影の部分を明らかにする意味は大きいと思われる。

4　日本の食と農の変遷をたどる

飽食社会への道

思えば、日本の歴史のなかで今日ほど食生活を急速に変化させている時代はなかったのではなかろうか。採取・狩猟に依存していた縄文時代においては、時の流れは数千年単位のゆったりした変化であった。その後、弥生時代以後の農業の発展・普及のなかでも、かなりの変化をしつつも百年単位、何世代もの経過をともなっていたと考えられる。それが今や数十年どころか数年単位という驚くべき早さで変化をみせている。そのなかでも注目すべきは、食生活を中心にしたライフスタイルの変化がめざましかったことである。

とくに戦後の高度経済成長期、生活が安定するにしたがって食生活は急速に近代化、西欧化した。この時期の一つの大きな特徴としては、手間をはぶき、より簡便性の強い調理食品の普及があった。また一九八〇年代に入ると、食のレジャー化、ファッション化の進展のなかでグルメブームが起き、手づくり・本物が見直されだすとともに、健康食品や自然食品が注目されて広く社会に定着していく。そうした動きは農の分野にも色濃く反映し、東京の中央卸売市場でも「無農薬」「有機栽培」と表示されたものが、かなりの量、取り引きされる状況となっていく。食と農をめぐる全体状況は、工業化と画一化が一方で大々的に進展するなかで、他方では自然・本物志向という二極分解現象を起こしはじめたとみることができる。その点では、ある意味では「食」と「農」の問い直しの時代が始まったととらえることもできる。

食生活の変化の全体像を、生産部門（国内農業生産および海外輸入）、加工・流通部門（広義の食品関連産業）、消費部門（家庭、学校給食、集団給食など）について、食料品の最終消費支出構成の変化からみてみると、われわれの食生活が全体としてたいへん豊かになってきたこと、国内農業産出額の割合が一貫して低下していることがわかる。それに対し、

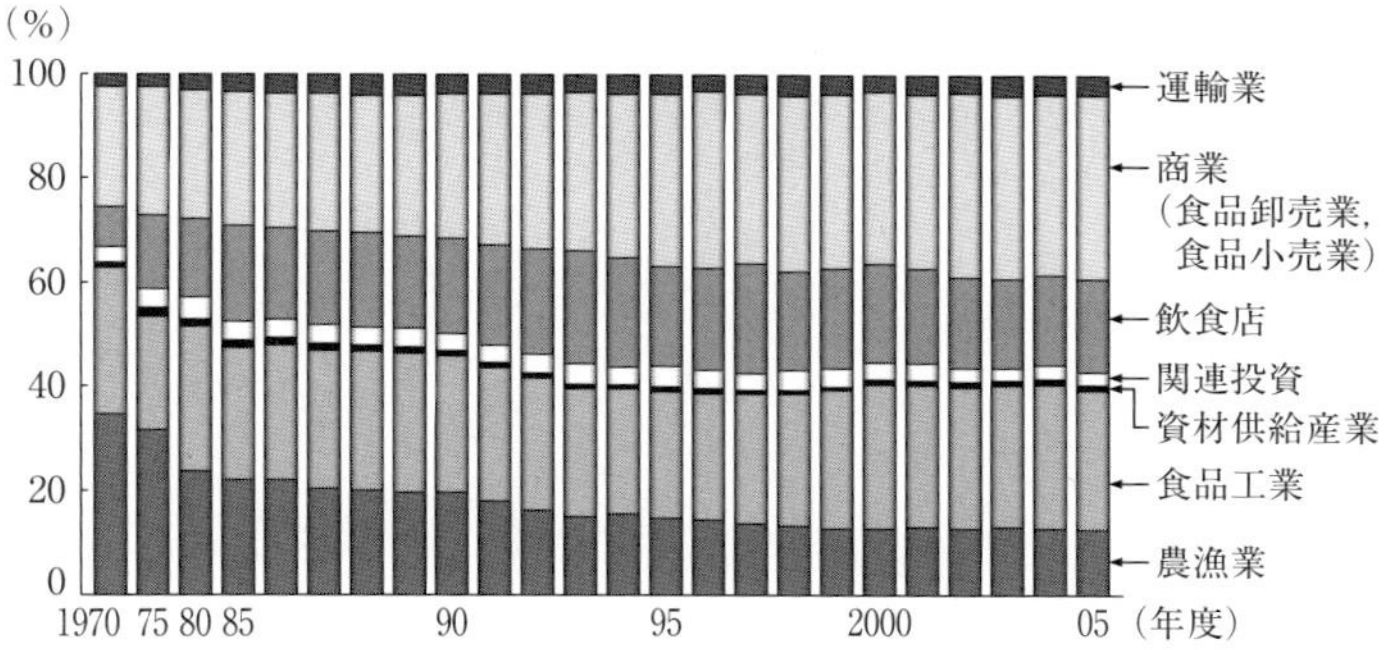

図５　食料産業の国内総生産における業種別割合の推移

資料：農林水産省「農業・食料関連産業の経済計算」

出典：「平成19年度　食料・農業・農村白書」http://www.maff.go.jp/j/wpaper/w_maff/h19_h/trend/1/t1_2_1_07.html（2015年2月20日閲覧）

食品加工経費・流通経費・飲食店サービスの三者を合わせたいわゆる食品産業部門の方は一貫して増加している（図５参照）。

すなわち、消費者の食品に対する支払額のうちでいわゆる農家の占める位置は五分の一になり、それに対して食品産業が四分の三を占めているというのが今日の姿である。なかでも、商業・飲食店サービスの占める割合の伸びはめざましく、いわゆる外食志向の高まりがうかがえる。

今や食料や食生活について語るとき、食品関連産業部門を抜きにしては何事も語れないといっても言いすぎではない。その一方で国内の農業の地位は大きく低下し、まさしく低迷状態のなかにある。私たちの食卓の豊かさ、食生活のぜいたくさは、こうした食品関連産業や外食産業を経由してくる加工品や外食に多く支えられて、実現されているのである。

農業の近代化の歩みと矛盾

食生活の変貌に対して、その食生活を支える農業生産をめぐる状況をみていこう。戦後の食生活の急速な変化に対応して、生産・供給の側も大きな変容をとげてきたが、その動きは大きな揺れをともなっていた。いわゆる農業近代化の歩みは、いろいろな意味で明暗のコントラストが非常に大きく展開した。それは、私たち自身の歴史と社会動向が大きな揺れと矛盾を抱えてきたことを意味している。以下、食と農に内在する諸側面を、生産の側面から光をあてながら戦後の歩みをたどってみよう。

戦後の焼け野原の状態から、まさにゼロからの出発をとげた日本にとっては食糧増産こそが最優先課題であった。生産の動向はそれを支える社会的・経済的な基盤と切り離せない。戦後の農業は、農地解放が実施されたことで小規模自作農体制のもとで近代化がめざされたのだった。地域の農業生産は、ハード面、ソフト面での新体制作りとして、農地法の整備（農地耕作者主義）、食管法（食糧管理法）の改正、農業協同組合法による農家経済の再編など、一連の制度的枠組みのなかで生産の体制が整えられていった。

今振り返れば、それは近代化への夢と食糧増産という明確な目標があった一種牧歌的で黎明期的な時代状況であった。全国各地で、熱心に近代化へ向けての努力が燎原の火のごとく燃え広がっていった。栄養の改善、生活改善を掲げてキッチンカーが農村を駆けめぐり、八郎潟の大潟村を代表とする大規模な干拓と農地の造成事業が進み、単位収量をいかに伸ばすか全国の篤農家が集まって「稲作日本一」が競われたのだった。

一九六一年、経済発展へと向かうなかで農業基本法が制定され、いわゆる「基本法農政」がスタートする。当時、国内的には都市化と工業化を柱とした全国総合開発が進められ、国際的には加工貿易立国として市場開放体制の確立がめざされ、その後の日本経済の高度成長につながっていく。この一九六〇年前後は、戦後の日本社会の第一の大きな転換期であった。当時は、経済・政治状況において大きな曲折があった。五〇年代の三井・三池の石炭産業の閉鎖にともなう労働争議、六〇年安保闘争（日米安全保障条約の継続をめぐる対立）にみられた政治的混乱を乗り切り、当時の池田内閣が「所得倍増計画」を打ち出して、経済構造の再編成が軌道に乗り出した時期である。それ以前の政治的対立あるいは労働運動が高揚した「政治の時代」から、奇跡的ともいわれる高度経済成長を実現する「経済の時代」へと潮流が転換したのだった。

エネルギー政策での石炭から石油への転換、それは国内資源重視から海外の安価な資源依存への転換を象徴した出来事であり、いわゆる国際分業に基づく世界市場を念頭においた加工貿易立国への飛躍を意味していた。全国総合開発計画（一九六二年）により拠点として新産業都市が指定されたが、それらは原材料・資源が国外から運び込まれる全国の臨海地域を中心に設置された。

そして当時、農業基本法とほぼ並行して百数種の農産物の輸入自由化（第一次自由化）が実行された点を見落とすわけにはいかない。国内農業そして食品産業の再編成は、国際化へ向けた政策とまさに裏腹の関係で進行したのである。近代化とくに工業化政策と都市圏の膨張とともに、全国的な流通（交通）網が整備・統合され（一九六三年に名神高速道路が開通）、日本列島はまさしく世界市場に組み込まれていく加工貿易拠点として頭角を現していった。

発展のダイナミズムと構造変革

人びとの生活や労働形態にも大きな変化がもたらされた。六〇年ごろを境にして、勤労者いわゆるサラリーマンという存在が大きく台頭し、家族経営的な家内工業（中小企業）や農業そして商工業（商人・職人）などに従事する人びとの比率を上回る事態が起きたのだった。都会の人口が急速に膨張し、市民層そして中間層として消費を主体とする消費者という生活様式が定着するのがこの時期である。この過程で、いわゆる団地やニュータウンなど新住民層が広範に形成され、「団地族」といった言葉がもてはやされたのである。

巨大に膨れ上がった大都市圏へ食料を安定して供給するために、中央卸売市場の整備と流通の再編成が行われることで、生産体制に大きな変革が迫られた。この大量生産・大量流通体制へ向けて農業を再編していく過程で作成されたのが農業基本法であった。当時の農業基本法は、農業と他産業の生産性の格差、農業従事者と他産業従事者の所得の格差という「二つの格差」の是正を目標に掲げ、農業の生産性向上と経営の合理化がめざされた。そのため、従来から「お百姓さん」と呼ばれたような自給を主眼において細かくいろいろ多品目に作るのではない専門的経営、すなわち単品に特化して生産性の向上をはかる主産地形成、選択的拡大が農業政策の柱にかかげられた。

いわゆる野菜団地や畜産団地が形成され、モノカルチャー化が進んだ。そうした合理化において力を発揮したのが化学肥料や農薬の利用と機械化であった。主産地形成、選択的拡大、化学肥料・農薬への依存、機械化、専作・モノカルチャー化、中央卸売市場の整備と全国ネットワークの形成などが一連の動きとして起きたのである。それは「農業の工業化・脱自然化」へ向かう動きという側面をもっていた。

また、当時の社会・経済面で並行的に進んだ現象としては、労働組合による「春闘」（賃上げ交渉）と農民運動の「米価闘争」（コメの値段交渉）の定着をあげることができる。日本社会の根幹を支える二大勢力である都市の勤労者と農村の米作農家は、それぞれ賃上げと米価の値上げを実現することで、経済発展の恩恵を享受する仕組みを確立させていったのである。日本経済が経済成長の波に乗って国民全体が生活を向上させていく、まさしく正《プラス》のスパイラル現象が出現したよき時代であった。

対立・矛盾関係の増大

世界史上、奇跡の発展と呼ばれた高度経済成長期は、農業・農村セクターと工業・都市セクターの関係がいわばダイナミックに相補的、対立を含みつつも協調的な関係を形成して展開したとみることができる。そのプラスの側面は、農業の合理化・効率化（機械化・化学化）を日本の工業発展が助け、また工業化・都市化による所得向上と消費拡大が農産物需要を拡大させたという効果があった。他方、マイナスの側面は、農業労働力の吸引圧力（工業生産力の所得格差からの労働力移動）が強く働いた。農村地域からの出稼ぎが急増し、若者や農家の主要労働力が都市部に吸引されて「三チャン農業」（母親、祖父母の三人で担われる農業）という言葉が登場しだす時期である。

そして、農業生産の脱自然化（工業化）による農薬や化学肥料の大量散布が普及して公害・環境破壊が引き起こされる事態も出現した。あるいは「化粧」野菜とまで呼ばれるような見た目の重視や、大量流通が円滑に行われるように過度な規格化（形、大きさの細かい区分け）が押しつけられるといった状況も進行した。それは、工業・都市セクターの膨張が農業・農村セクターを従属化していくプロセスとしてとらえることができる。しかし全体的にとくに経済面からみた場合、いろいろと歪みは生じさせたものの全体としてはプラス効果が発揮されたとみてよいだろう。

だが、それまでの相補的・対立協調的な関係は、やがて大きな矛盾に直面せざるをえなくなる。それは、第一に量的な拡大面での需給バランスの大きなズレの問題であり、第二に質的側面としての環境や安全面での深刻な矛盾の拡大である。

第一の問題は、増産のかけ声のなかで生産拡大に励んできた米作が、七〇年ごろを境に一転して減反政策に追い込まれた問題である。当時、需要の伸びが見込まれた畜産物や青果物の生産拡大は行われたものの農業の基幹はあくまで米作であった。さらに第一次自由化の波と食生活の洋風化・多様化は、開放経済のもとで都市側の需要を海外へシフトさせる力として働き、生産と消費の乖離を生んだのであった。食管法の手直しなど農業の制度面での対応も残念ながら後追い的域を出ず、消費者のコメ離れ（消費縮小）はその後も進んでいった。

他方、生産と流通の合理化の陰で生じてきた問題も深刻であった。それは大地とのつながりを失った都市の肥大化が農業生産を歪めていく動きとしてとらえることができる。あたかも工業生産品のように、一定量を同質の状態で供給する「定時・定量・定質」が農業生産現場に要求されたのである。そうした要求を制度的に支援するために指定産地制度も作られた。本来、気象や土壌といった自然条件や作物自身の特性などによって均一化しにくい農業生産に無理な要求を強いた結果、病虫害の発生を招いたり連作障害が起きたりといった生産の不安定化を引き起こした。そしてそれを克服するため農薬や化学肥料に過度に依存せざるをえない悪循環的な事態が各地で恒常化していった。

それは結局、消費者の日常の食生活においても安全性への不安を生んだ。大規模生産とともに遠距離・長時間流通が広がっていくが、それに耐えられるように、合成保存料、品質改良材、着色剤などの食品添加物が大々的に使用されたのもちょうどこのころであった。いわゆる食品公害問題が起きたのである。従来、パンや豆腐などは限定された狭い地域で小規模に生産されていたものが、こうした添加物の利用で大規模工場による全国流通が可能となり、食品産業の規模拡大と寡占化が一気に進んだ。

また農作物でも鮮度をよくみせるために薬剤処理した化粧野菜が店頭に並ぶような状況も起きた。当時は、農薬の生産量が増大し、同じく食品添加物の種類も増大しており、生産と流通の合理化にともなって脱自然化していく「食と農の工業化」の姿を映し出していた。それはまた、農業や自然との交流・コミュニケーションを阻害された消費者が、自分自身にその矛盾（食の不安）を被っていく姿としてもみることができる。

大地からの離反と大地への回帰

一九八〇年代以降に入ると、二つの時代潮流が次第に離反していく動きが明確になっていく。それは、さらなる脱自然、農業の工業化に向かう動きで、季節からはずれた農作物の氾濫、植物工場の登場、バイオ野菜や遺伝子組換え食品の導入、そしてバイオテクノロジーによる技術変革が次々と押し進められたのである。他方、自然・環境との調和を取り戻そうとする動きも広がりだし、本物・手作り・自然食品ブーム、有機農業や環境保全型農業の登場、さらには都市と農村の交流・融和への意識も高まりだしていく。

二一世紀に入った今日、自然食・健康食ブームや本物・手作り・こだわり志向の高まりを受けて、自然食品店のみならずスーパーなどの大規模量販店などでも有機農産物や安全を志向した食品が幅広く扱われるようになっている。高付加価値の差別化商品として「安全」「安心」が売り物になってきたのである。そのこと自体が悪いわけではないが、そもそも農薬や添加物を生み出した一因に、見た目や便利さ・手軽さを追い求めてきたこれまでの都会的消費スタイルがあったことを見落とすことはできない。その点を意識することなく、手軽に安全なものを手にする状況には、昨今問題化した不当表示問題をみるごとく、思いがけない落とし穴に陥りやすい。表示ですべてを判断する以前に、生産や流通の状況がどうなっているか、無理な歪みを生じさせてはいないかどうか、かえりみる視点が必要である。

たとえば、消費者がいだく有機農産物のイメージには、かなりちぐはぐなものがある点を指摘しておこう。かつて、ある生協で有機農産物の店頭販売をした際に、購入した人がその野菜に青虫が付いていたことに驚いて保健所に電話したという話があった。諸外国と比べて、日本では普通の果物や野菜などがあまりに小綺麗で清潔かつ美しすぎるのではないか。諸外国では問題にしないような多少の傷や不揃いで、商品価値がまったくなくなってしまうことは、何を付加価値として評価するかという点で相当の無理を生産者に強いる状況を生んできた。必要以上にきれいな「化粧」野菜や果物が尊ばれる風潮が、いかに農家に負担をかけて農薬依存度を高めてきたか、考えてみるべき点が多々あると思われる。

消費者の需要や嗜好の重視と経済効率という理由だけで、作物の多様な品種や地域性が失われたり、地力維持のための輪作体系が消滅したり、昔から行われてきた間作・混作などの栽培方法が姿を消していった経緯（自然の循環の喪失）を、私たちはきちんと認識する必要がある。有機・無農薬、自然志向や自然回帰という方向性が、イメージ先行になりかねない危うさがまだまだ存在しているのである。自然や環境とのバランス形成や調和を実現する手段として有機農業が注目されているが、消費者の実体をみる限りその内実はまだ危うい基盤の上にあるように思われる。すでにふれた農業近代化と合理化とともに土壌の疲弊と連作障害が続発し、農薬の多投を生んできた背景に、生産現場や自然との関わりから切断された都会の消費者の存在も深く関わってきたのである。

大地から離反する脱自然的な動きと自然への回帰を志向する動き、この相矛盾する二つの動きは、社会・経済全体としてみた場合、世界規模でも展開している。農産物の自由化・グローバリゼーションが進行するなかで、国際分業と大競争が、地域性や自然生態系を切断して大地との離反を促進していく。それに対し、地球環境問題の深刻化をくい止めるエコロジー運動の展開、地域コミュニティ・地域循環（調和）型社会重視の動きが顕在化しているのである。

以上、時代的な特徴と相互のダイナミックな関係をみてきた。重要な視点としては、経済発展と社会的制度や都市・農村関係が緊密に関連しあって興味深いメカニズム（補完・拮抗関係）が展開したことである。さらなる洞察ポイントとしては、相互関係には重層的な構造があり、大きくは三重構造すなわち、個々人（たとえば農民、都市住民）のあり方と行動様式（個人の主体性と時代による規定性が影響しあう）、それを取り巻く社会制度的な枠組み（戦後の農業制度、産業政策、国土形成）、さらには政治経済・社会体制（政治的勢力、国際的な政治経済関係、貿易・外交政策）の動向という三つの層が、全体として絡み合って時代変化を引き起こすダイナミズムが生まれ、日本の社会と経済を突き動かしてきた。

それぞれの関係性が、時代変化のなかでどう影響しあってきたかを見極めることは実に興味深いテーマであるが、ここではダイナミズムの概要を指摘するにとどめる。食と農の姿は時代とともに変貌をとげており、それを支える制度的基盤や産業構造の変化、世界貿易体制とりわけ経済のグローバリゼーションの進展によってさらなる変化のなかにある。また、そこには自然に対する関係との矛盾としての公害・環境問題を生じさせるとともに、それは国境を越えた広がりをみせ、今日のような地球環境につながる問題としても同時に進行したのである。

5　環境共生・生命産業としての農業

農業生産の近代化にみる諸矛盾

農業近代化の歩みをみると、その生産技術の特徴は大地・自然からの離脱ととらえることができる。近代農業の発展を特徴づける基本的性格を分析しながら、以下、近代技術の生産力展開について、とくに技術論的な視点から総括してみよう。

図６は、自然界の物質循環の仕組みのなかで、窒素という物質の流れを図示している。

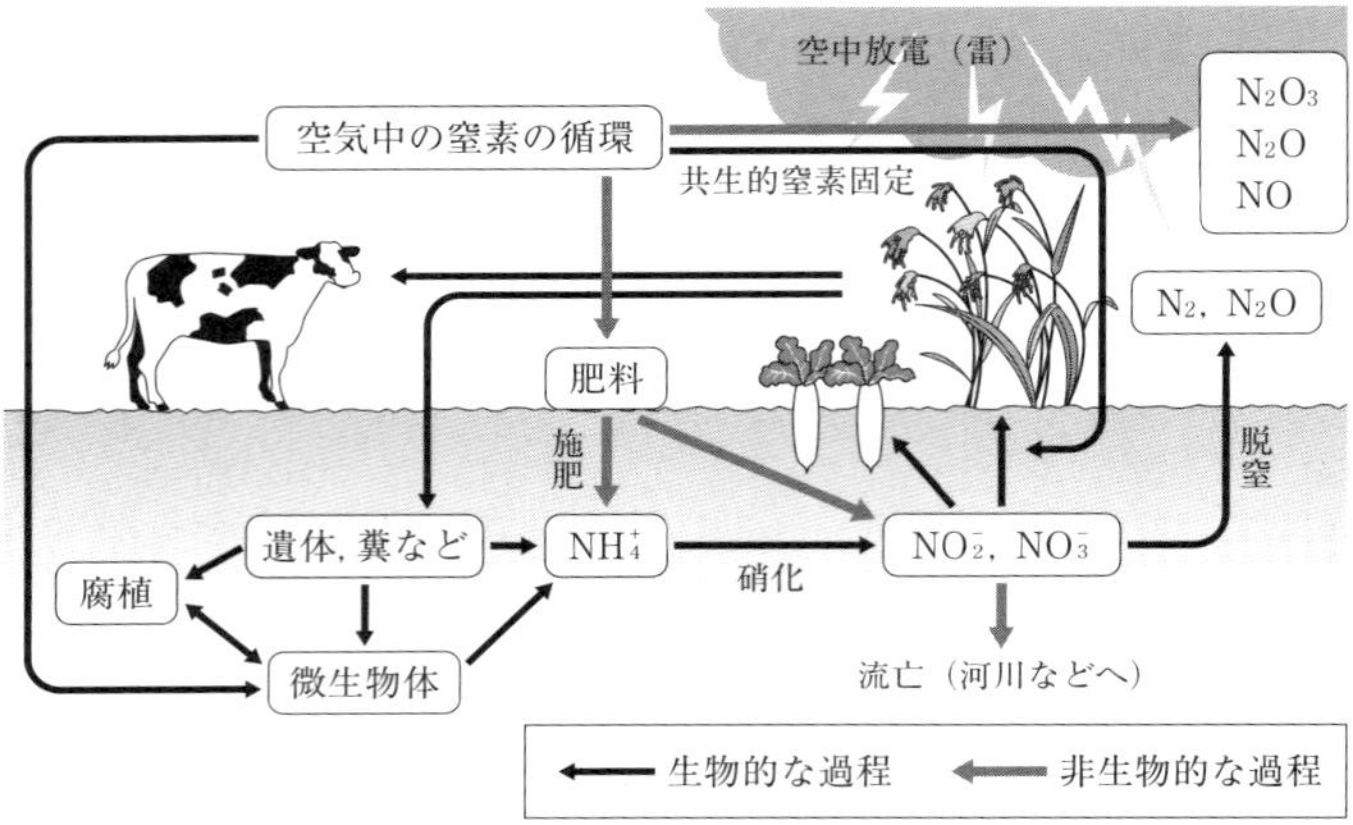

図６　大地をめぐる窒素の循環

出典：服部勉『大地の微生物』岩波新書，1972年を参考に作図

つまり、近代農業技術は、作物の栄養摂取の過程で微生物等が関与する生物的過程を捨てさって、栄養吸収の最終段階のアンモニウム塩や硝酸塩の吸収に着目し効率追求をめざしたものである。大地・自然の物質循環や生態系の連鎖ネットワーク（図中の生物的過程↓）を分離・切断して、よけいだと思われるものを極力排除し、人間の利益（作物成長）のみをいかに早くより多くもたらせるか（図中の非生物的過程↓）、その最大化が追求された。すなわち、より早く作物を育てるために化学肥料による効率的な養分の吸収を促し、そこに生じるリスク管理としては農薬で病害虫を徹底的に防除し、複雑多様であった自然との関係を

断ち切って、農業があたかも実験室ないし工業生産プラントのように部分的に囲い込まれ画一化されて、生産拡大のみが追求されたわけである。いわば部分最適化による部分極大化がめざされ、達成されてきたのだった。

しかし、生産極大化の達成の一方で、無理な画一化による矛盾も生じさせることとなった。すなわち、連作障害や害虫と農薬のイタチゴッコ、環境破壊と安全性への不安をもたらした。農薬等による汚染や生態系への悪影響など、外なる環境への矛盾が顕在化する一方で、安全性という点では人間自身の内なる生命と健康の土台を崩しかねない事態を招いた。

一般的に、有機農業の土はふくよかで弾力性に富んでいるのに対し、化学肥料だけの無機的農業では土が硬くなってしまうとよく指摘される。その理由は、自然界の生物同士の多様な関係が有機農業では活発に展開され、豊かな土壌の世界（生態系の循環）を形成しているからである。化学肥料の無機的農業では栄養吸収の最短距離だけをつなげる回路しか重視されないのに対し、有機農業や環境保全型農業では、糞や腐植や死骸をめぐる種々雑多な生き物たちの諸活動が暗黙のうちに取り込まれて、土壌の無機・有機物とともに独特の団粒構造を生じさせるなど、通気性や保水力に優れた「地力」が育まれているのである。

以上をふまえると、近代技術の特徴的な展開とは、脱自然化による無機的な技術展開であり、人間と自然とのさまざまな関係性を分断し、個別（単一）生産力のみを取り出して極大化する技術として理解できる。ここで本章の冒頭でふれた「身土不二」を思いおこすならば、どのような土の上に自分の身体が育成されるかという点でも、人間と自然（大地）の関係性を洞察できるだろう。こうした農業近代化技術が、世界的にとくに発展途上国において展開したのが、「緑の革命」とよばれる動きであった。化学肥料、農薬、灌漑設備を前提に高収量をもたらす新品種が導入され、大幅な生産拡大に成功し、世界レベルでのモノカルチャー化につながったのだった。

生命系循環システムの形成

最近の有機農業や環境保全型農業をめぐる動きは、たんに化学資材を使わずに有機質資材に置き換えるといった農業にとどまらない、より広い意味が生まれつつあるように思われる。人間が自然の一員であり物質循環の輪の一角を占めていること、そのことは食べ物、農業を通してこそ直接的に自覚できるのであり、有機農業とは自然と生命の循環を取り戻す生命循環型農業という重要な側面を持っている。さらに、食べ物を通して自然と人間の関係のみならず、人と人とのつながり、文化や歴史・風土とのつながりが目にみえる形で広がっていく契機となり、そして次世代を担う子供たちの生命・自然教育の場としても有機農業が重要な役割を果たすことが注目されだしている。

そもそも私たち人間が生きているということは、周囲と切り離されて自分だけ孤立的に存在しているわけではない。周りの世界とのつながり、空気、水はもちろんのこと、食べ物でいえば、水田とのつながりと、家畜とのつながり、あるいは地域の山々や樹木ともつながっている。栄養源の供給からみても漁業や田んぼや畑は、元来、林や森林とのつながりのなかで、それらがうまく働き合う関係（循環的・共生的関係）で成り立つ側面を内在させていた。そこに永続的な社会の基盤が築かれていたのである。

産業社会以前の多くの農業社会では、自然の物質循環系と似たようなサイクルを社会の基礎に発展させてきたかにみえる。たとえば日本の場合、江戸時代には都市内の人糞尿が回収されて農地へと戻されるような循環サイクルが形成されていた。これは、「食」の延長線上に「農」的環境が循環サイクルとして整えられてきたとみることができる。水田農耕文化を育んできた日本における興味深い事例としては、食・住・衣すべてに関係を持つワラ利用において、多面的展開の象徴的な姿を読みとることができる。ワラ屋根、わらじ、蓑、縄、俵、雪沓、鍋つかみ、壁土の補強材、玩具、そして精神的・宗教的世界の領域のシンボルである神社のしめ縄に至るまで、多種多彩なワラ工芸品が生活文化用具として利用されてきた。そして最終的な廃棄物としてのワラは田んぼや畑へ還元され、循環をかたちづくってきたのである。まさに、ゼロ・エミッション（廃棄物ゼロ）の原型モデルがここには体現されていたといってよかろう。ワラの生活資材への多様な利用法が多段階に組み立てられ、循環・再利用されて農地に還る流れとともに、燃料としての利用後には、灰まで染め物や鋳物などに有効活用されていたのである。

人間の社会では、とくに食と農において生活と文化が重なりあって独自の文化様式を形成してきた。世界のさまざまな民族や地方・地域の生活様式をみたとき、食と農の営みは中核的な位置にあることが多い。それは、生命や天地自然との交流・交歓を導くものとして、各種儀礼や祭りを成立させ、さまざまな慣習を育んできた。地域の文化ないしアイデンティティが、食や農に付随する自然の多様性と呼応しあいながら、そこに精神的・宗教的意味を含む文化的な多様性が形成され、歴史的に展開されてきたのである。

日本での稲作という生産活動は、コメの食料生産のみならず、コメを実らす稲わらを大切に扱う。生活用具としての利用のみならず、大地自然からの恵みのたまもの、生命の交換・交流の営みのシンボリックな意味をも付与してきた。それは、新年のしめ飾りや神社のしめ縄などに、また相撲での土俵や横綱が締めるしめ縄などにも象徴されているが、天地の恵みへの祈願の意味が込められていたと考えられる。人間界と天をつなぐ意味合いで、お盆での先祖の送り迎えの際にワラを焚く地域が多いことも、ワラにこめられた循環的な意味合いの投影とみることができる。

物的な素材としての多面的な利用の展開以上に、精神的ないし宗教的な意味合いが加味されていることはたいへん興味深い点だと思われる。実利的な利用としての「物質循環の世界（リサイクル）」とともに、それを支える自然の力と精神的な拠り所を重ね合わせる「精神世界の循環（リジェネレーション／再生）」としても表裏一体的に形作られていることは、人間社会の在り方としては非常に示唆に富むことなのではなかろうか（図７）。

この図においては、注目しておきたいもう一つの論点がある。近代社会の価値観では、上部の横軸に示されているコメ（食料）の生産過程だけに注目し、単線的・単一的な生産概念として効用をとらえてきたのである。それに対して伝統的社会の価値観では、単線的な横軸（モノカルチャー）だけをみるのではなく、各段階で縦軸の展開において利用価値（副産物）を複数生み出しつつ、循環的・複線的に利用の輪を広げている様子が読み取れる。

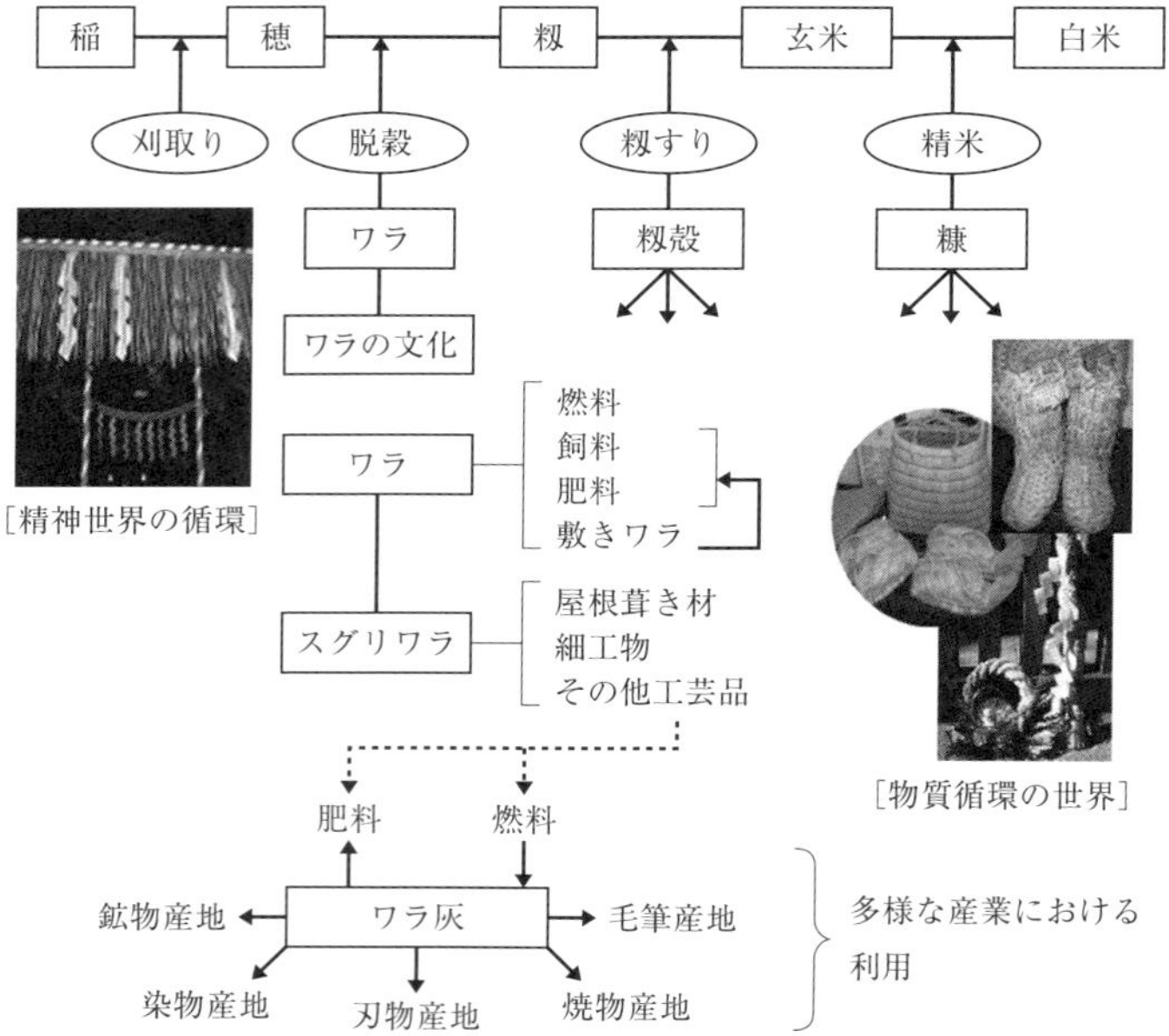

図７　（リサイクルとリジェネレーションとして）ワラ利用の多面的な展開
出典：宮崎清『藁Ⅰ・Ⅱ』法政大学出版局，1985年を参考に作図

その利用形態は、既述したように多様な生活用具のみならず精神的・宗教的な意味合いが付与された複合的効用（マルチカルチャー）として展開されているのである。これは、まさしく「単一極大型生産力」に対する「多面的・共生型生産力」の展開として考えることができ、私たちの生産力のとらえ方について見直しをせまる好事例とみることができる。

風土産業論・立体農業論・有機農業のルーツ

共生型生産力の展開に関しては、次のような先人の問題提起が注目される。その一つに、三澤勝衛《みさわかつえ》（一八八五～一九三七、長野県生まれ）の風土産業論がある。長野県諏訪中学（現諏訪清陵高校）の地理の教師として教壇に立ちながら、独自の視点で地域の個性を風土としてとらえ、風土を活かした人びとの暮らしや生活、農業や産業形成のあり方を考察し、風土産業という概念を提唱した人物である。詳細はその著作『風土産業』（復刻版、農山漁村文化協会、二〇〇八年）にゆずるが、大地・自然の多様性に人間が寄り添って、そこに秘められている潜在的な可能性を見出し、地域の産業や生活に活かしていく試みは、これからの自然調和型の産業発展にとって重要な示唆を与えている。まさに来るべき時代の哲学、生活、産業や経営のあり方を先取りしたものとして、注目に値する。

多様な風土に適合した各地の人びとの暮らしに着目し、その地域の潜在的可能性（風土）から地場産業の多面的な発展形態を見出そうとするとらえ方であり、その具体的な興味深い循環型の産業形成として「連環式経営」が提唱されている。たとえば昔からの特産品に長野の寒冷地での凍豆腐があるが、豆腐のおからが豚の餌となり、豚糞が肥料として桑畑や野菜の生産に活かされ、そこに各種加工産業が組み立てられていく連環的な展開を連関式として描き出している。それはまさしく廃棄物ゼロの循環産業形成として国連大学が提唱するゼロ・エミッション構想にも通じるものである。

同様の問題提起として注目したいものに立体農業論がある。戦前から戦後にかけて活躍した社会活動家の賀川豊彦が紹介した翻訳書『立体農業の研究』（恒星社、一九三三年）において、傾聴に値する問題提起がなされている。それは、平場のモノカルチャー的な農業の限界を示唆し、多様な自然環境に則した複合的で立体的な農業の展開方向を提起したものである。原書は、ラッセル・スミスによる『Tree Crops』（樹木作物、初版は一九二九年刊）という本で、米国での穀物（一年生作物）などの過剰耕作による土壌侵食を克服する手だてとして樹木作物（永年作物）の効用を著したものであった。本書は、今日的にはアグロフォレストリー（農林複合）の先駆けとして再評価されている内容であり、有機農業的な展開のなかではパーマカルチャーの思想にも通じるものである。

賀川は当時、貧窮にあえぐ農村と農業の再建の道を見出すべく、本書の重要性をより深く読み込んで、以下のように解説している。

然し立体農業は、立体的作物だけを意味しない。地面を立体的に使はうという野心が含まれている。我々は、樹木作物の間に蜂を飼ひ、豚を飼ひ、山羊を飼ふことは容易であり、その傍らを流れる小川に鯉を飼ふことはさう困難ではないと思つている。その他、土地を有効に、多角的にまた立体的に組合わせて日本の土地を利用すれば、今まで棄てであつた日本の原野が充分に生き返ると私は思つている。（『立体農業の研究』序論、恒星社、一九三三年）

こうした賀川豊彦の主張や三澤勝衛の構想は、第一次産業というあり方を自然の恵みを活かす産業として、より多面的、総合的、立体的に組み立てていく可能性とその重要性について提起したものである。戦前から戦後まもなくの当時の状況を考えてみると、世界経済の不安定化（世界恐慌）や資源的な限界に対応を迫られるといった逼迫した事態が背景にあった。一方で外への拡大・膨張路線へと傾く方向性が生じた反面、内への見直しないしは足下の豊かさの再発見・再構築という方向性が模索された時代でもあったと思われる。その意味では、三澤や賀川の提起は現在の時代状況とも相通じるところがあり、あらためて温故知新という意味合いからも興味深い提起である。

同じく有機農業の動きについても、その歴史をたどると、興味深い事実にぶつかる。たとえば西欧諸国で有機農業の古典とされる『農業聖典』（A・ハワード著、一九四〇年。邦訳、日本有機農業研究会、二〇〇三年）は、その分野でバイブル的書物として広く知られている。ハワードはイギリスの農家に育ち、植物病理、微生物学を学んだ後、西インド諸島やインドの農産研究所で長年働いた。インド在住中、農薬や化学肥料を一切使わず立派な農作物を育てている地域があることに気づき、研究を続けた。そして、作物の真の健康を図るためには土壌を健全に保つことが重要であること、なかでも腐植を豊富に含む土壌中における植物の根に付着する微生物（菌根）と根との共生関係に注目した。その研究成果と豊富な事例観察に基づいて、良質な堆肥づくりの手本とされるインドール式処理法を確立し普及した。その後、イギリスではハワードの影響のもと、土壌協会が一九五一年に設立され、継続的な研究とともに近年の欧米各国での有機農業の普及に貢献している。

同じような古典の再評価としては、米国の土壌学者F・H・キングが中国、朝鮮、日本の農村と農業を視察して著した書物『東亜四千年の農民』（邦訳、一九四四年。復刻版『東アジア四千年の永続農業（上下）』農山漁村文化協会、二〇〇九年）、原著*Farmers of Forty Centuries : Parmanent Agriculture in China, Korea and Japan*（一九一一年）がある。近代農業が発展・普及する時代のなかで、その非永続的性格に目を向けつつ、アジアの伝統的農業がきわめて永続可能なシステムを保ってきた歴史的事実に着目したものであった。本書の復刻版を戦後米国で出版したのは、米国の有機農業の草分け的普及団体「ロデイル・プレス」であった。同社は、日本の自然農法の実践的思想家である福岡正信の『自然農法わら一本の革命』（新版、春秋社、二〇〇四年。初版一九七五年）の英語版 *One Straw Revolution*（一九七八年）も出版している。

「温故知新」の言葉通り、いわゆる時代の転換期において、来るべき未来世界の原型となる基本的要素が、実は過去の歴史的遺産において数多く示唆されていることを、私たちはあらためて再認識すべきだと思われる。

食と農・森と海が結ぶ循環の世界

だが、今日の日本へは、世界の貿易量（海運総輸送量）の約一割、年間約一〇億トン近い物資が海外から輸送されている（日本船主協会『日本海運の現状』二〇一四年一〇月）。木材、鉄鋼石、石炭、穀物や石油などは海運総輸送量の二割近い量が日本一国にきている。大量の物資が運びこまれている一方で、年間五億トン近い廃棄物を発生させている（約半分は再生利用）。全国各地で産廃処理や自治体がごみ処理に苦慮し、産業廃棄物の不法投棄や大量焼却処分による汚染や温室効果ガス放出など問題が山積みである。

そうしたなか、国は環境基本計画（一九九四年閣議決定）で「循環型社会システム」を提示し、循環型社会元年とされる二〇〇〇年には「循環型社会形成基本法」とともに関連法（廃棄物処理法および資源有効利用促進法の改正、建設リサイクル法、食品リサイクル法、グリーン購入法）を成立させた。こうした法整備は、循環型社会実現に向けた第一歩であり重要なものである。だが、実際はなかなか大量生産・消費・廃棄のシステムを改めることは難しく、いまだ廃棄物のたらい回し的状況を脱しきれていない。

全国一律には簡単に進まない状況のなかで、各地とくに地方部で先進的な取り組みがいくつも生まれ始めている。たとえば熊本県の水俣市では、過去の水俣病の悲惨な公害事件を教訓として、環境共生をめざす地域づくりに積極的に取り組んできた（環境モデル都市宣言、一九九二年）。省資源・リサイクルの取り組みでいえば、ゴミ収集は資源利用を前提に二四種類に分類され、資源再利用による売却益を地区ごとに還元している。同時に環境にいい暮らし作りとして、「家庭版ＩＳＯ（環境管理システム）」、エコショップの認定、環境マイスター（環境こだわり名人）制度などに取り組んでいる。

さまざまな廃棄物のなかで、もともと循環にのりやすいものに有機系廃棄物がある。内外から調達される食用農林水産物が約九〇〇〇万トンになるが、その約二割の一九〇〇万トン（食品関連事業者約八〇〇万トン、一般家庭約一一〇〇万トン）の食品廃棄物が排出されている。食品製造業や飲食店など事業系からのものは、食品リサイクル法により二〇パーセントの再生利用が定められ、再生利用率が三七パーセント（二〇〇一年）から五四パーセント（二〇〇七年）と改善されてきたが、食品廃棄物の発生量の増加は続いており発生抑制は進んでいない。その後、食品リサイクル法が一部改正され、二〇〇九年から食品廃棄物等多量発生事業者（年間一〇〇トン以上）に発生量と再生利用状況の報告が義務づけられている。事業者の取り組みが先行している一方で、家庭系生ごみの再利用はあまり進んでいない。

身近な生活から出る生ゴミ処理に対しては、いくつかの先進的取り組みがある。すでに二〇年以上前から先駆的に生ゴミの堆肥化に取り組んできた長野県旧臼田町（現在、佐久市に合併）は、その草分け的な存在である。山形県長井市などの同様な取り組みや、有機農業を村おこしの中心に据えて、生ゴミのみならず、し尿の発酵処理を組み入れた有機リサイクルシステムを構築している宮崎県綾町なども興味深い事例である。長井市では、生ゴミ処理の有効活用を超えた理念、すなわち農業における生産と消費の循環を「地域・生命循環」として形成していく、地域的循環システムを食と農において形成することがめざされ、教育分野からも注目されている。マイナスをプラスに転じるという意味で、長井市では減少した可燃ゴミの処理費用（約二〇〇〇万円分）を堆肥センターの運営費用にあて、良質な堆肥を安価に提供するとともに地場の農産物（農業）の振興に結びつけている点は興味深い。

近年では、生ゴミを堆肥化する途中にメタンガスの発酵プラントを組み込んでバイオガス・エネルギーを取り出し、最終産物を液肥として水田などで利用する試みとして、埼玉県の小川町や福岡県の大木町の取り組み、し尿の液肥化事業を核として循環型社会作りに取り組んでいる福岡県築城町などの興味深い実績がある。こうした取り組みは、行政、市民、ＮＰＯ、ＪＡなどが緊密に連携することではじめて実現できることから、今後の普及にはさまざまな主体が参加する枠組み作りや制度的な裏づけが望まれる。

循環の視点では、より視野を広げて水の循環に着目して、水系全体として自然を保全するユニークな運動が各地で広がっている。沿岸・養殖漁民による山に植林をする運動（畠山重篤『森は海の恋人』北斗出版、一九九七年。後に文春文庫、二〇〇六年）などといった形で広がり、海を守る運動が山の森林を守り保全する運動とつながることで、第一次産業の本来的あり方である生態系循環の輪を取り戻そうとしているのである。水系全体を視野に入れて、山の水源地の人びとと手を結んで植林や山林保全を進め、中間部に位置する途中の農家の人たちも農薬使用をひかえ合成洗剤を使わないようにするなど、水系を軸とした生命循環をよみがえらせようとする運動である。そして、その動きに対して都市の住民たちの支援や協力も生まれだしている。

循環の輪を人と人との関係性に広げる動きとしては、都会の子供たちに農業や農山村体験をさせ、そこで伝統的な食文化を学んだり生産の現場や農山村の生活様式に直にふれたりすることで、幅広い交流の輪を取り戻そうといった動きも広がりはじめた。そういう体験学習・交流学習を通じて、一過的な経験や理解だけにとどめるのではなく、日々の生活の見直しや毎日の食生活をより豊かな意味内容に形成できるような、総合的な内発的教育プログラムが必要である。学校給食などはそういう理念のもとで位置づけ直す時代がきたのではなかろうか。子供たちの食生活を出発点にして、それをきっかけにいろいろな世界を自覚し発見していく、そういう重要な教育の拠点としてみるならば、食と農の世界にはたくさんの可能性が隠れている。

自然とのつながり、そして地域とのつながりが今はどんどん消え去ってきているなかで、かつてたとえばワラのエコロジー文化的展開（図7）に体現されていたような循環的世界を今後どのように新たに構築できるか、さまざまな可能性を日々の生活の原点である「食と農の文化」において、とくに環境と循環の視点を組み込んで創造していくことが求められているのである。

産業ピラミッドのエコロジカルな再編成

共生型の生産力の展開の変革という点をより大きくとらえると、産業構造自体の変革に立ちいたる。これまでの産業革命以降の産業発展パターンを見直し再編成していく見通しについて、以下に考えてみたい。

これまでの経済発展の道筋は、大きくは自然密着型の第一次産業（自然資本依存型産業）から第二次産業（人工資本・化石資源依存型産業）、そして第三次産業（商業・各種サービス・金融・情報等）へ移行するなかで拡大・発展をとげると考えられてきた。いわゆる「一次産業→二次産業→三次産業」を経済・産業発展パターンとする見方（ペティ・クラークの法則）である。これをピラミッド的に図8において示しているが、こうした人間界での展開に対しては、自然界での生態系ピラミッドの図と対比してみるとその矛盾がみえや

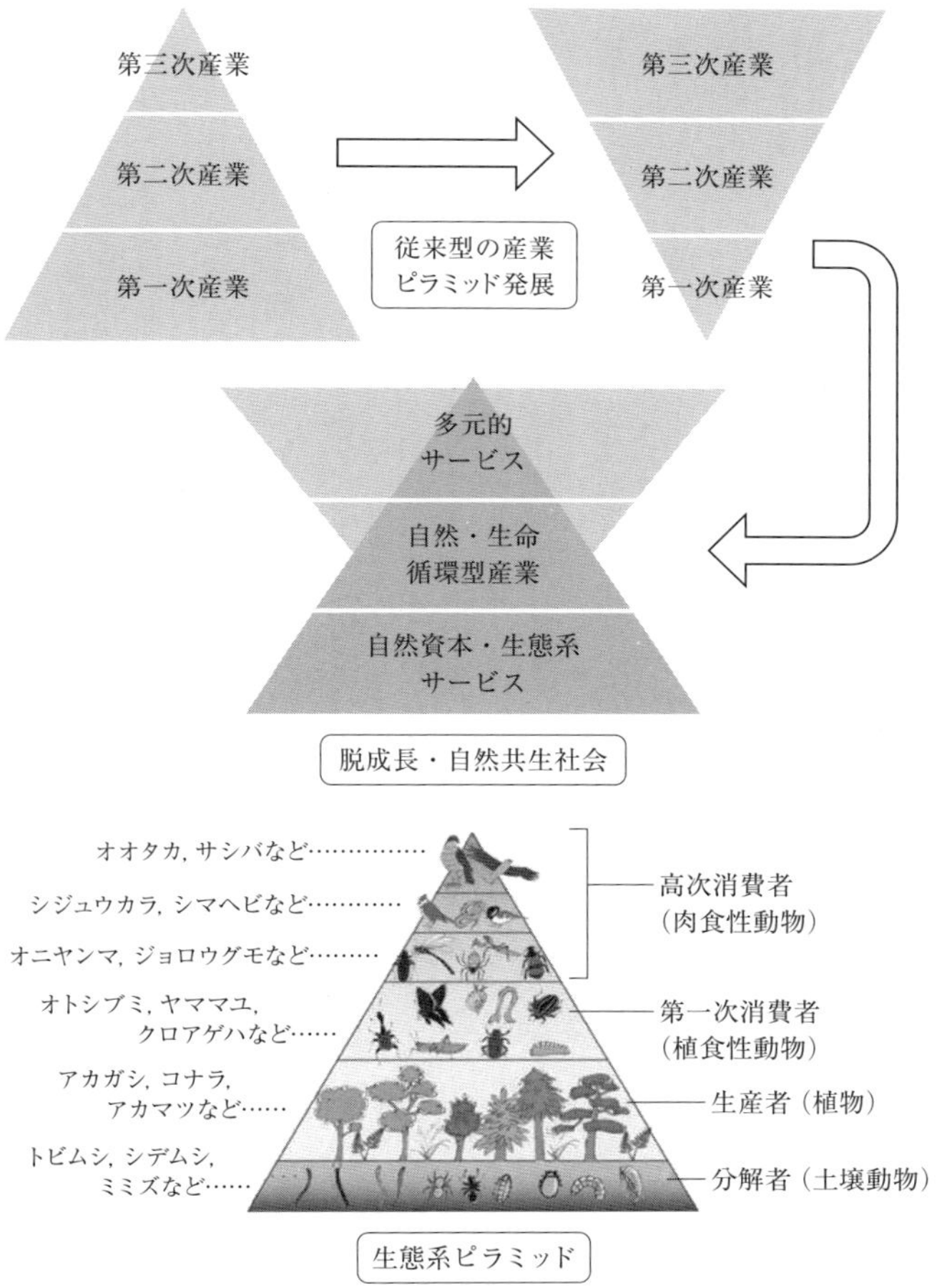

図８　人間・社会経済系の展開　第一次産業の高度化

出典：上の図は筆者作成，生態系ピラミッド図は「矢作川流域森林物語」（豊田市役所森林課）の図を引用

すくなる。

人間の社会経済システムは、これまで自然環境の限界や生態系システムとは切り離された存在として発展してきた。しかし、現代の時代状況が示すように、巨大化した人間の生産力は環境の限界を突破し、生態系の相互関係性（循環の網の目）を破壊するまでにいたったのである。現在問われている課題とは、巨大化した生産力を自然生態系と調和するものへと再編成し直すことであり、環境調和型の産業展開とは工業的な人工資本依存よりも自然生態系の保全に基づく、自然資本を土台とする産業育成と社会経済システムを実現することではないかと思われる。

それを概念的に簡潔に描けば、かつて自然の制約下にあった前近代社会の産業構造（自然依存型の生産力段階）が化石燃料（過去のエネルギーの長期集約・蓄積物）利用による工業生産と産業革命を経て、巨大生産力と分業や市場経済の発展によって、大量生産・消費・廃棄の二〇世紀型産業社会を生み出した。日本の動向にあてはめれば、近代以前の農耕中心社会（就業人口構成の大半が第一次産業に従事）から、近代化と工業化による高度経済成長期（第二次・第三次産業の隆盛）を経て、今日のポスト工業化・情報サービス化社会（第一次産業は数パーセント、三割弱が第二次産業、約七割が第三次産業に従事）が形成されてきたのであった。

国の生産力の規模は、経済指標としては国内総生産（ＧＤＰ）で評価されてきたが、今後は結果としてのＧＤＰに注目する以上に、その土台となるエネルギーや資源利用の質的違いが問題となる。すなわち、使えばなくなる枯渇性資源（過去の遺産的ストック）や生態系に悪影響を与える消費を縮小し、永続的に利用可能な自然資源（再生エネルギーやバイオマスなどの更新的フロー）の循環的利用として生態系と調和したものへと転換していく政策誘導が求められることになる。その関連ではグリーンＧＤＰ、持続可能性指標、自然資本評価などの新しい評価手法の開発も始まっている。

さらにこれを産業構造にあてはめれば、これまでのような逆三角形として示される産業構造を自然生態系の循環（生態系ピラミッド）に適合させる内容に構造変革していく道筋がもとめられる。それは最近一般化してきた農業の六次産業化とも通じる方向性だが（一次・二次・三次産業を複合化する考え方）、六次化のあり方として生命循環に基づいた展開が重要性を帯びて進むものとなるだろう。すなわち、来るべき自然・生命産業の時代においては、第一次産業を経済の土台構造として位置づけし直し、自然素材を大切にする有機的・循環的生産といった質的意味が評価される仕組みの上に、同様の加工・流通・消費

（サービス・情報のグリーン化を含む）の高度化・高次化が図られていく経済のグリーン化（グリーンエコノミー）的展開がもとめられているのである（図8）。

6　生物多様性がひらく農業の新展開

自然資本を土台とするグリーン経済

二〇世紀末の一九九二年、地球サミット（国連環境開発会議、ブラジルのリオデジャネイロで開催）にて人類は地球環境問題を前にして二つの国際環境条約を成立させた。気候変動枠組条約と生物多様性条約だが、この二つの条約は長期的な視野に立てば人類社会の発展のあり方に根本的な転換を迫る画期的な意義を内在したものととらえることができる。

すなわち、化石燃料などの埋蔵資源を大量消費し温室効果ガス等を大量排出する「使い捨て廃棄社会システム」が、気候変動枠組条約によって転換を余儀なくされつつある。生物多様性条約とは、人類のみが独り勝ちして生物種（遺伝子資源）の多様性や生態系のバランスを破壊する行為に対して、歯止めをかけて「循環と共生社会システム」の形成を促す役割を担うものととらえることができる。実際には、気候変動をどう回避するか、多様性の保全と永続的利用をどう可能にするかで、条約の中身や具体的な対策については問題と課題を多く含んでいるのだが、革新的な意味は認識すべきである。

地球サミットから二〇年後に開催された国連持続可能な開発会議（通称「リオ＋二〇」、二〇一二年、ブラジル同地で開催）において、旧来の持続不可能な経済システムの転換を促すために提起されたのがグリーン経済であった。いわば従来の経済活動が環境負荷を生み出してきたことへの解決策として、グリーン経済が提起されたのである。

これまで人間世界（人工資本）を中心に、狭い意味の経済活動がすべてをおおい尽くす世界として、いわゆる豊かな社会と人類の大繁栄が実現されてきた。その結果、深刻化する地球環境の危機をもたらし、自然からのしっぺ返し的状況が生じるにいたったといってよかろう。こうした人間中心の関係性を逆転するような考え方が、近年さまざまに提起され始めている。自然を経済利益ないし利潤を生み出す手段という位置づけではなく、価値の源泉としてとらえようとする考え方である。これは従来の資本概念を自然に適用し、自然ストックに内在する価値を自然資本と見立てるもので、「ミレニアム生態系評価」（ＭＡ二〇〇五）や「生態系と生物多様性の経済学」（ＴＥＥＢ二〇一〇）などによって広く認知されるようになった。

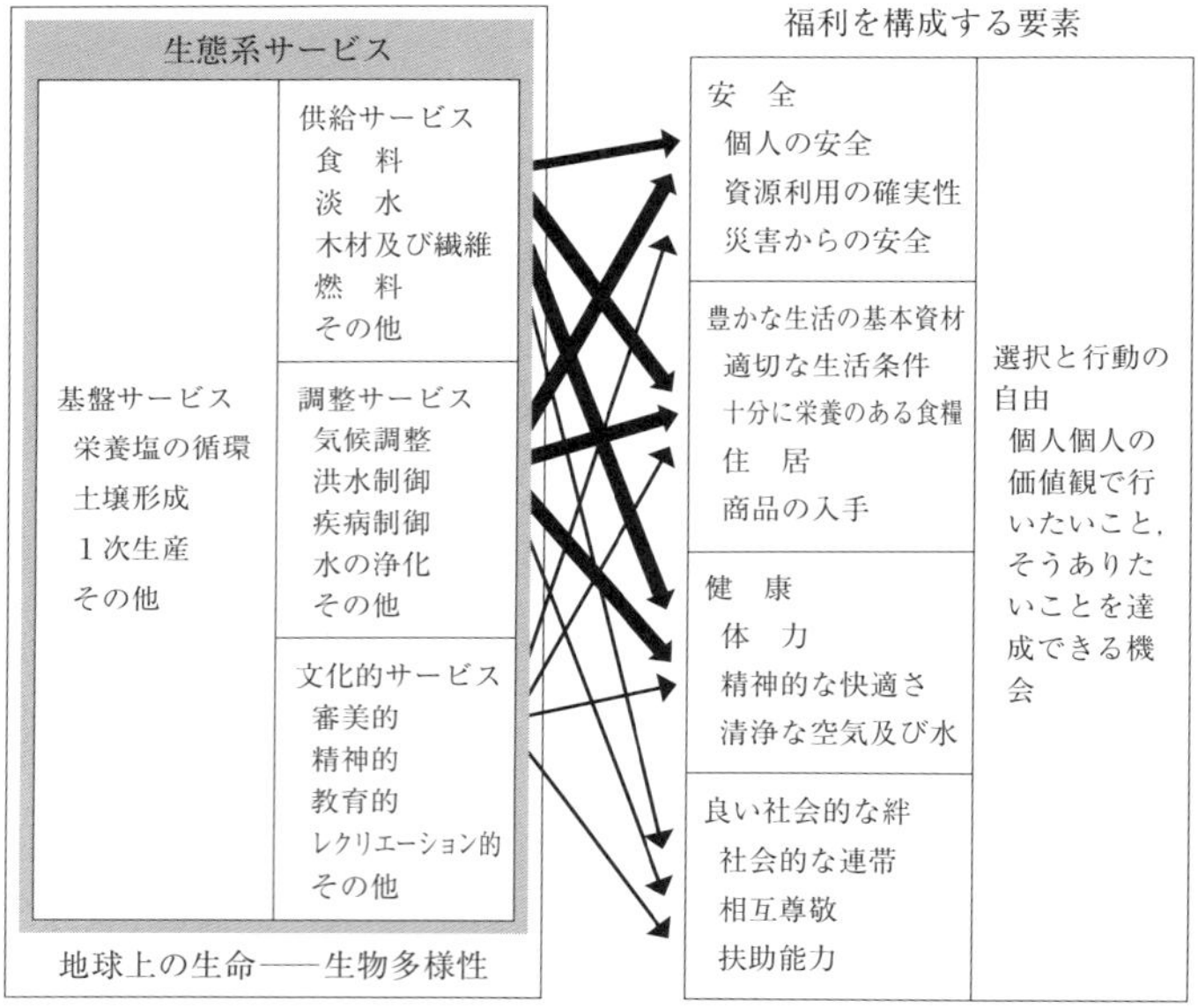

図9　生態系サービスと人間の福利の関係（MA2005）
出典：「環境白書」平成22年版の図から作成

自然資本（ストック）から供給される生態系サービス（フロー）に関しては、大きく四つの役割として分類されている。すなわち、基盤サービス（酸素供給、土壌形成、栄養循環、水循環など）、調整サービス（気候緩和、洪水調節、水質浄化、環境調整など）、供給サービス（食料、燃料、木材、繊維、薬品、水などの供給）、文化的サービス（精神的充足、美的楽しみ、宗教・社会制度の基盤、レクリエーションなど）である（図

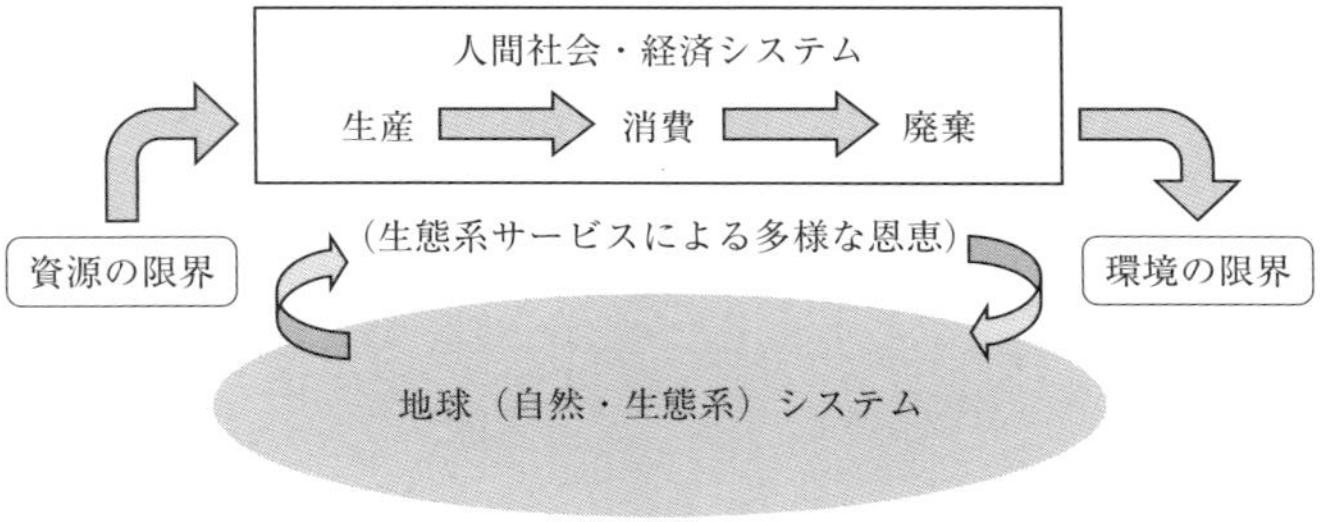

図10　地球システムと人間社会・経済システムをどう調和させるか
出典：筆者作成

9)。その価値に関しては、大きくは利用価値（直接的・間接的効用、経済的価値等）と非利用価値（将来利用的価値、存在価値）に区分されるが、今まで無視されてきた価値の可視化として貨幣評価する試みなども盛んに行われるようになってきた。各種生態系サービスについての貨幣換算評価をみると、実は人間の生産活動をはるかに超える規模であることが示されている（TEEB二〇一〇）。こうした試みや研究は始まったばかりの段階だが、来るべき自然・生命産業の社会を展望するうえでは重要な第一歩だと思われる。

地球システムと経済システムをどう調和させるか

そこで問題になるのが、経済発展の原動力として展開してきた人間社会・経済システムを地球（自然・生態系）システムとどう調和させるかという問題である（図10）。

図の上部、従来の人間社会・経済システムは、いわば産業革命以降の工業的産業モデルとして発展してきた。自然を所与のものとして扱い収奪ないし使い捨ててきたことが、資源と環境の限界に直面して大幅な修正を迫られている。農業生産は、本来的には生態系サービスの上に築かれてきたものなのだが、近代化の流れのなかで工業的な生産モデルに乗っかって発展をとげてきた。工業的生産モデルでは、いわば潜在的な多様な関係性を排除して単一価値（目的）の極大化がめざされたのだが、それに対して生態系的モデルでは、この図に示されているように、潜在的で多様な関係性の上に非利用価値をも含む価値の総体的な発現がもたらされている。

その点では、農業とは本来的には生態系サービスそれ自体を発展的に展開させる産業ないし業態と考えるべきものである。近年、農業の六次産業化が叫ばれているが、たんに一次、二次、三次の産業の重層化という以上に、自然資本の多様な価値の発現と展開形態として農業の可能性を認識すべきではなかろうか。そのような視点から注目される取り組みの一つとして「世界農業遺産」（ＧＩＡＨＳ）がある。ＦＡＯが二〇〇二年のヨハネスブルグ環境・開発サミットの際に提唱して発足したもので、伝統的な農業が有する優れた価値、土地利用、文化、景観、生物多様性保全などの重要性を再評価し、継承がめざされて

図11　世界農業遺産に認定された能登の棚田

図12　世界農業遺産会議
（2013年5月29－31日，石川県七尾市，筆者撮影）

いる。二〇一四年時点で、世界一三カ国、アジアを中心に三一のサイト、日本では能登の里山・里海など五カ所が認定されている。それらは、経済的価値だけでは測れない自然と人間活動が歴史・風土的に作り上げた巧みなシステム形成（多様な価値の総体的発現）の深い意味を、私たちが再認識する上では貴重な具体例である。

図9では、生態系サービスによる人間の福利への貢献が示されているが、本来的には農業をそこに重ね合わせることで、第一次産業のあるべき姿として自然・生命産業の将来像が展望できるのではなかろうか。農林水産物の供給にとどまらず、風景や景観、衣食住や芸能・祭事などの文化的価値、そして自然再生エネルギー、各種バイオマスとそれを多様に活用する真の意味でのバイオ産業の形成などが拡がる基盤として存在しており、そこから自然・生態系システムと調和した人間社会・経済システムが作り出されていくという展望（広義の六次産業化）である。

今後に向けてパラダイム転換

振り返れば、一九六〇年代の高度経済成長期へと向かう時代、全国総合開発計画や列島改造論がもてはやされ、近代化を推進する基本政策として農業基本法や林業基本法などが制定された。それらは、既述したように単一的な価値に基づいて生産の極大化をめざす工業的生産モデルを全面開花させる政策展開（狭義の経済発展）であった。食料・農業政策としても、生産第一主義に傾斜した生産主義パラダイム（枠組み）によって大きく支配されていたと考えられる。その成功が経済的豊かさをもたらした反面、環境や資源や自然生態系（地球システム）の限界に直面することで、この生産主義パラダイムが方向転換を迫られている。

一九九九年に食料・農業・農村基本法、二〇〇〇年に循環型社会形成推進法、二〇〇一年に森林・林業基本法などが成立して、生産主義的な経済重視の政策から環境重視へとシフトする流れが急速に高まってきている。とくに農業分野では、農業・農村の多面的機能が強調され、人と自然との多様な関係性に目を向けるとともに、暮らしや生活面にまで踏み込んだ地域政策や社会政策的な要素を含みこむようになっている。それはまさしく自然資本や生態系サービスへの再認識、新たな価値づけと評価の可視化につながる流れとも軌を一にしたものである。しかしながら、時代状況は生産主義から環境主義へと単純に移行するといった動きではなく、実際にはかなり波乱含みの状態で推移している。

新たな時代に向かう食と農のパラダイム転換としては、生産主義から移行した後の新たな二つの岐路について、既述したようにティム・ラング等はエコロジー・パラダイムとライフサイエンス・パラダイムの相克状況を描いたが（フード・ウォーズの時代状況）、まさに時代はそうした状況のまっただ中にいるかにみえる。先に述べたような生物多様性を基軸としたパラダイム転換は、単純なプロセスとして進行しているのではなく、複雑かつ矛盾がらみで進行中なのである。自然・生命産業の発展がどのような姿として立ち現れてくるかについても、自然重視のエコロジー主義的な方向性と、最新科学を生命・生態系分野に応用していくライフサイエンス主義的な方向性とで、大きく異なった世界が生まれてくると思われる。

いずれにせよ、地球環境問題、農業環境問題、地域のあり方、生活と文化の豊かさ、どの問題をとってみても、私たちは大きな文明的転換点にさしかかっている。そのなかでも、食と農を今後どのように展望し再構築していくか、どのような道筋を見出していくかが、私たち二一世紀の人類の姿を見通す上で重要なカギをにぎっているのである。

第2章　渡り鳥と共生する地域づくり

――宮城県大崎市の場合――

蕪栗沼ふゆみずたんぼ
プロジェクト

蕪栗沼
ふゆみずたんぼ
プロジェクト

Kabukuri Wetlands "Fuyumizu Tambo" Project

大和田順子（おおわだ　じゅんこ）

蕪栗沼ふゆみずたんぼプロジェクトマネージャー。

岩渕成紀（いわぶち　しげき）

NPO法人田んぼ理事長。

桜井真理子（さくらい　まりこ）

株式会社アサーティブ＆シーエス　フードプロデューサー。

山田好恵（やまだ　よしえ）

株式会社一ノ蔵マーケティング室長。

戸島　潤（とじま　じゅん）

NPO法人蕪栗ぬまっこくらぶ副理事長。

宮城県大崎市（旧田尻町）が，地元の農家，NPO法人，研究者等とともに，マガンなど渡り鳥や水鳥，生きものと農業の共生をめざし取り組んできたプロジェクト。市と地域住民は水辺を守る一環として，冬期湛水農法である「ふゆみずたんぼ」を採用して有機農業を進め2005年，蕪栗沼《かぶくりぬま》およびその周辺水田はラムサール条約に登録される。2011年３月に起こった東日本大震災により大きな損害を被るが，沿岸部の津波による塩害抑制にも「ふゆみずたんぼ」農法は有効であるとして復興に取り組み，また市内企業や生産団体とともに，ブランド化による地域づくりにも積極的に関わっている。

---

1 「ふゆみずたんぼ」取り組みの経緯

数万羽のマガンが生み出す光景

秋から冬にかけて蕪栗沼《かぶくりぬま》の周辺に広がる水田地帯を車で走っていると、たくさんのマガンやハクチョウが水田で落ち穂をついばんでいる光景に出会う。地域の人にとってはあたりまえの景色だが、何百羽もの鳥が田んぼにいる様子は旅行者にとっては驚きだ。また、日没のころには四方八方から蕪栗沼を目指してマガンやハクチョウが群れでV字を描きながら帰ってくる。数万羽を超えるマガンのねぐら入りの光景は幻想的ですらある。そして朝は日の出のころ、その数万羽のマガンが一斉に沼を飛び立っていく。国内の他のどこの地域でも見ることができない、稀有な地域の資源だ。

この渡り鳥の楽園があるのは宮城県大崎市。宮城県北部に位置する人口約一三万人の地方都市で、二〇〇六年に一市六町が合併し誕生した市である。肥沃な大崎耕土が広がり、ササニシキやひとめぼれなどの発祥地であり、コメの一大産地である。市の東端の旧田尻町エリアに、渡り鳥の飛来地として国際的に重要な湿地を保護する「ラムサール条約」に

図１　Ｖ字形の隊列で帰ってくるマガンの群

登録されている「蕪栗沼・周辺水田」がある。宮城県北部に位置するラムサール条約湿地「伊豆沼・内沼」「化女沼《けじょぬま》」とともに、多くの渡り鳥が飛来しており、とくにマガンは日本に飛来する八割が越冬している。「蕪栗沼・周辺水田」地域では、人と自然が共鳴する農業・暮らしが実現している。その豊かで美しい持続可能な地域づくりには農家だけでなく、ＮＰＯ法人、研究者、地域企業、行政など多様な人たちが参加している。

その鍵となっているのが、生きものと共生する冬期湛水農法、「ふゆみずたんぼ」という冬の間、水田に水を張る農法だ。

二〇〇三年に導入され、農薬や化学肥料

を使わない稲作が始まり、今年一〇周年を迎えることができた。この節目の年に、なぜこの地域でふゆみずたんぼが導入されたのか、渡り鳥と共生する農業がどのように定着していったのか、何を継承していこうとしているのか、改めてそのいきさつをひも解き、震災後三年を経た東北からの新しい未来へのメッセージとしてお届けしたい。

農家の生きものを見る目が変わった

「水を張って鳥が来たときには感動した。タンチョウヅルも来た」。

「生きもの調査もおもしろかった。夏に調査をよくして、イトミミズが多いことから、表土が変わったのがわかった。秋のイナゴやバッタの量が他の田んぼより多いのにびっくりした」。

「クモを見る目が変わった。稲穂にクモの巣が張り、朝露で美しい田んぼになった。クモがカメムシを食べると聞き、クモを守り、カエルがカメムシを食べると聞き、カエルを助け、ツバメが虫を食べるところを見て、鳥に注目している。雁《がん》にイネを食べられてもしかたない、共存していきたい」。

これらはすべて「ふゆみずたんぼ農家」の声である。

図２　蕪栗沼周辺の空中写真

対立関係にあった渡り鳥と農家

渡り鳥や生きものと共生する農業として取り組んでいる「ふゆみずたんぼ」であるが、それを導入した経緯についてまずは紹介しよう。話は一九九〇年代の後半にさかのぼる。

現在の蕪栗沼には八万羽を超えるマガンが飛来しているが、一九九〇年代前半には約一万羽で、一部の愛鳥家以外、多くの住民がその存在すら知らない状況だった。蕪栗沼に飛来する渡り鳥の主食はコメやムギなどの穀類であるため、周辺の水田ではマガンやカモによる食害が度々発生しており、農家にとって渡り鳥は食害を引き起こす害鳥であるという認識が根強くあった。

また、蕪栗沼には遊水池というもう一つの

顔があり、周辺の水田や下流の洪水抑制の役割を担っており、一九七〇年から宮城県による遊水池事業が継続的に行われてきたエリアでもある。周辺の水田を耕作する農家にとっては蕪栗沼の浚渫《しゅんせつ》（底の土砂をさらうこと）による遊水池能力の向上が最重要課題であったが、一九九六年に沼の自然環境保護を理由に浚渫計画の差し止めが行われるなど、野鳥や環境保護団体と地域住民や農家の対立の構図が深くなっていった。

湿地生態系としての認識

このような状況下において旧田尻町役場では、農家側の立場を尊重しつつも蕪栗沼の湿地生態系としての重要性と地域資源としての価値を認識していた。そこで一九九七年に遊水池計画の一環として蕪栗沼に隣接する白鳥地区の水田約五〇ヘクタールの耕作権を水田所有者が放棄し、放棄後の水田に平均水深四〇〜八〇センチの間で常時湛水し、湿地に復元する取り組みを実施した。このことにより、飛来するマガンの数は大幅にその数を増やしていった。沼に戻した水田がマガンをはじめとする渡り鳥の越冬地として有効に機能することが判明したのだ。

さらに沼へマガンが一極集中することへの改善策として、冬期に周辺の水田を湛水して

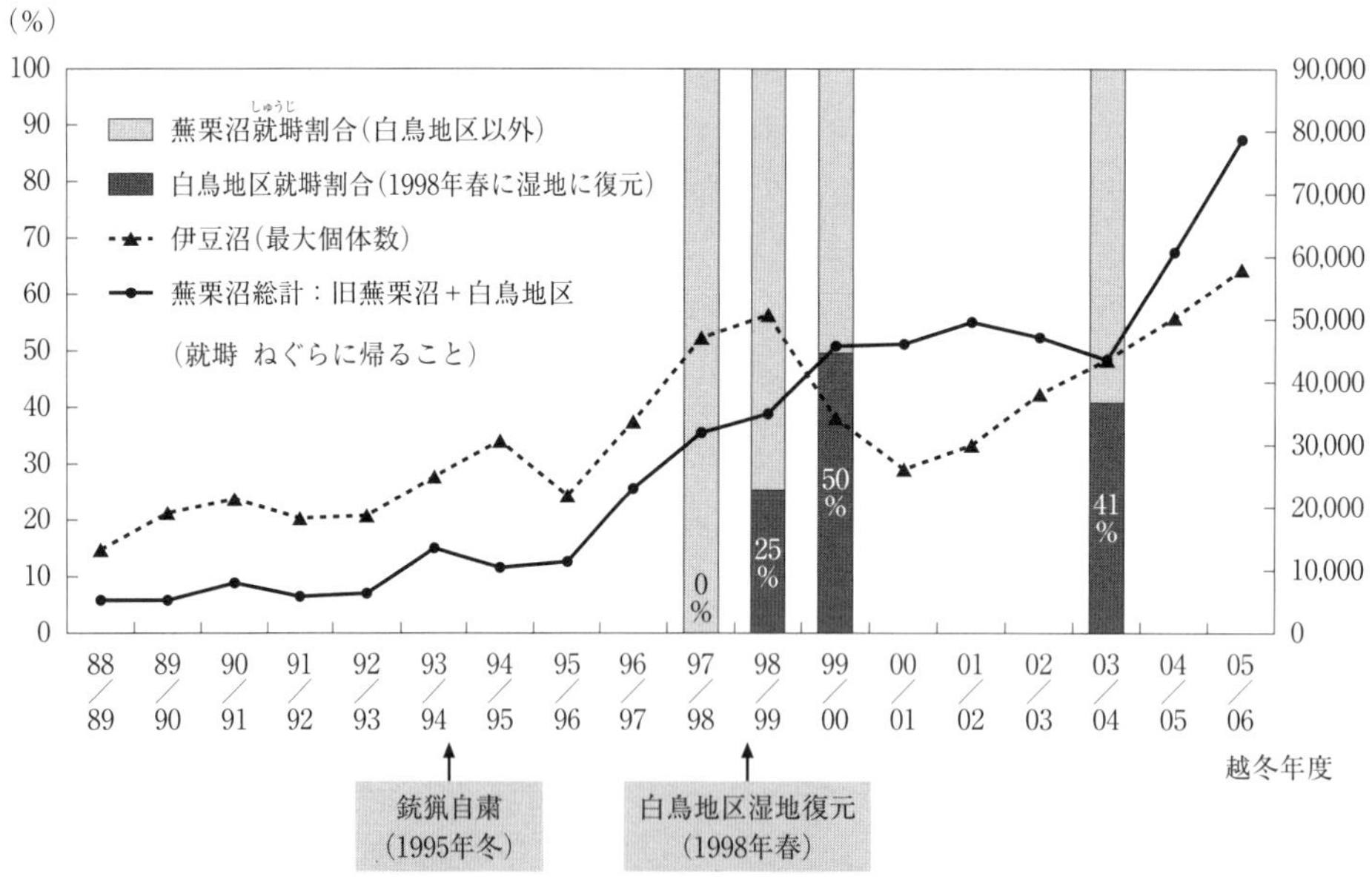

図３　湿地に復元した白鳥地区と蕪栗沼のマガン就塒個体数の変化

出典：88/89－99/00；日本雁を保護する会データ，00/01－02/03；宮城県一斉調査データ，03/04－05/06；マガン合同調査データ

一時的に疑似湖沼化する「水田冬期湛水」いわゆる「ふゆみずたんぼ」の取り組みを検討することになった。

「ラムサール条約」登録準備期

二〇〇三年、農林水産省事業の支援を受け旧田尻町が事業主体となり、水田の冬期湛水による渡り鳥のねぐら環境の創出と、水田農業との共生に関する実証事業「ふゆみずたんぼプロジェクト」を開始した。

農薬や化学肥料を使用しないふゆみずたんぼ農法とモニタリング手法の確立に向け、岩渕成紀さん（当時田尻高校教員、現ＮＰＯ法人田んぼ理事長）をコーディネーターとする組織「蕪栗沼地区農業・農村研究会」を発足するとともに、実証に取り組む農家組織「伸《しん》萠《ぼう》ふゆみずたんぼ連絡会（現伸萠ふゆみずたんぼ生産組合）」を組織した。田尻の伸萠地区の一〇軒の農家がプロジェクトに参加した。それまで慣行農法しか経験のない農家だったから、はたして農薬も化学肥料も使わないで収穫できるのか、皆不安だった。田植えを行う来春に備えて、ふゆみずたんぼを導入する田んぼに皆で協力してパイプを敷いた。そして、水がちゃんと水田に溜まっているか、凍てつく冬の間、毎日二時間ごとに、夜中も

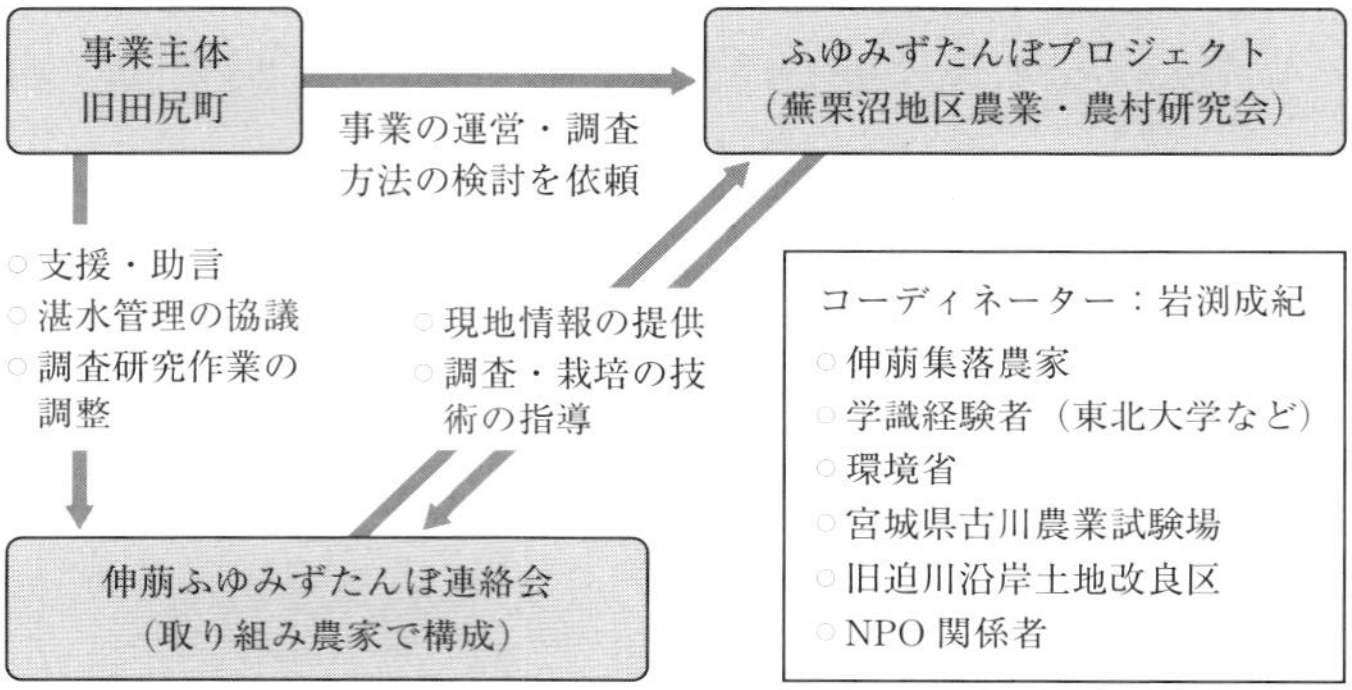

図４　ふゆみずたんぼプロジェクト連携体制

農家や町の職員が田んぼの水を見て回った。

この実証事業の結果、沼の周辺水田に点在する二〇ヘクタールのふゆみずたんぼが創出された。日中はハクチョウ類、夜間はカモ類が頻繁に観察され、その後、警戒心の強いマガンも不定期ではあるが観察されるようになった。このことから、「ふゆみずたんぼ」がマガンをはじめとした水鳥に対して強い誘引力を持ち、これらの生息地を拡大させる手法としてきわめて効果的であることが判明した。

翌春、初めて農薬や化学肥料を使わない稲作が始まった。

前年の冬の湛水から翌年の一連の稲作を通じ、農法としては次の三つの効果が立証された。

①　栄養効果

冬に水を張ることによって、水の中に菌類やイトミミズが慣行栽培に比べて多く発生し、それを餌にするガンやハクチョウなどの水鳥が飛来し、稲の切り株やワラは微生物によって分解され肥料となり、水鳥の糞に含まれるリン酸や窒素は土の養分となることが確認された。

②　抑草効果

イトミミズは有機物を食べて分解し、微生物の働きが活性化した糞を出す。この糞が「トロトロ層」と言われるきめ細かな粒子の土の層になる。一年で一〇センチ近くも堆積し、コナギやヒエなどの雑草の繁殖を防ぐ抑草効果も確認された。

③　害虫駆除の効果

春、水を張った田んぼにはカエルが産卵し、害虫が発生する頃に、カエルやクモが活躍して害虫を捕食する。このように、冬、水田に水を張ることで、生命の循環を上手く使って、肥沃な土を作り、雑草を抑え、害虫を駆除することが実証され、栽培技術が確立されていったのである。

二〇〇三年から三年間ふゆみずたんぼによる有機農法を導入した段階で、参加している一〇軒の農家は全戸有機ＪＡＳの認証を取得した。

そして、これらの沼や周辺水田での環境保全や渡り鳥との共生の取り組みが認められ、二〇〇五年に「蕪栗沼・周辺水田」がラムサール条約湿地として登録された。一定規模以上の水田が登録されたのは世界でもここが最初だ。

地域の「ラムサール条約」登録湿地拡大期

コメの販売については、販路はＪＡ、公社、ＮＰＯ法人、直販となっている。ＪＡ経由では首都圏のパルシステム等に、穂波公社を通じては市内の直売所等に、また、食の安全や自然保護に関心のある個人に一キロ五〇〇円ほどで販売されるようになった。この取り組みに共感した地元の酒造「一ノ蔵」では、ふゆみずたんぼで栽培されたササニシキを原料とした「ふゆみずたんぼの純米酒」を二〇〇六年から製造販売している。

また、沼を核としてその周辺水田をラムサール条約湿地として登録し、水田農業に環境付加価値をつけるなど活用している。農業と環境が両立する取り組み事例は旧田尻地域内で大きな話題となり、湛水可能な水田で「ふゆみずたんぼ」の取り組みが町内に広がっていった。

二〇〇六年に田尻町は、周辺の一市五町（古川市、鳴子町、岩出山町、鹿島台町、松山町、三本木町）と合併し、大崎市の一部となった。以降もふゆみずたんぼの取り組みは、市出先機関とＮＰＯ、農家により継続的に行われていった。

二〇〇七年、市内にある化女沼周辺の住民で組織する団体から、蕪栗沼・周辺水田での取り組みをモデルとした化女沼のラムサール条約湿地登録の要望を受けたことを契機に、市総合計画等の柱のひとつとして「自然と共生するまち大崎」を位置づけるとともに、二〇〇八年に農林振興課内（現在は産業政策課）に自然共生推進係を新設し、ラムサール条約の理念である「保全」と「賢明な利用（ワイズユース）」を一元的に推進する体制を整え、同年一一月に韓国で開催された第一〇回ラムサール条約締約国会議において「化女沼」が登録された。

地域外のふゆみずたんぼ拡大期

渡り鳥と農業の共生による地域活性化モデルは、ＮＰＯ法人「蕪栗ぬまっこくらぶ」およびＮＰＯ法人「田んぼ」により市内での普及を進めるとともに、大崎市同様に鳥類との

図５　世界一田めになる学校（2012年）

共生を目指す農山村地域への「ふゆみずたんぼ」の普及活動を進めた。そしてコウノトリの野生復帰計画に取り組む兵庫県豊岡市の「コウノトリ育む農法」、新潟県佐渡市の「トキと暮らす郷づくり――生きもの育む農法」として浸透している。そして現在では農法のみならず環境教育、国内外での共同プロモーションなど、三市が広域に連携して事業を展開しており、毎年夏休み時期に東京大学で開催しているイベント「世界一田めになる学校」などの普及・啓発に取り組んでいる。

「田めになる学校」には市長をはじめ、各地の小学生が参加する。東京の子供たちも授業を見に来る。二〇一二年、三回目の田めになる学校はこんな授業だった。一時間目は理科、二時間目のホームルームは三市の子供たちの発表。三時間目の家庭科は「田からものの試食」として塩にぎりとスイーツを参加者全員で試食した。同じ塩にぎりでも、味に違いがある。四時間目の美術は画家の黒田征太郎さん指導によるライブペインティング、思い思いに子供たちが日ごろ親しんでいる田んぼの生きものや鳥の絵を描いた。

子供たちは生きもの調査の楽しさや、秋の収穫祭で自分たちで作ったコメだけでなく、田んぼの生きものであるドジョウやザリガニを食べ、「ザリガニはなんともいえない味がしました。タニシは苦い味がしました」と、田んぼの恵みを丸ごと頂いている様子も報告し、会場の笑いを誘った。

大崎市田尻では田んぼの雑草で困りものとみなされているコナギを料理し「コナギ膳」として環境学習のイベントなどで提供している。コナギは東南アジアでは大切な野菜として食べられているものだ。

震災復興とワイズユース

話を大崎市に戻そう。多様な関係者の協働により湿地の保全とワイズユースが安定しはじめたころ、二〇一一年の三月一一日に東日本大震災が発生した。沿岸部に比べて内陸部であった大崎市では人的被害こそ少なかったものの、震度六強の地震により公共施設や住居や店舗などに甚大な被害を受けた。また、隣県である福島県での原子力発電所事故の風評被害が発生し、環境保全や安全・安心に関心のある消費者によって支えられていたふゆみずたんぼ米への影響も大きかった。個人向けの売り上げが激減したのである。

そこで、こういうときだからこそ、豊かな自然環境、安全で豊富な食料、歴史文化資産の価値等を最大限活用し自治体と市民、ＮＰＯ、地元企業等のさらなる協働・連携により、地域の自給力と創富力《そうふりょく》を高める仕組みづくりに取り組もうと、総務省・緑の分権改革調査事業（二〇一二年度は総務省・被災地復興モデル調査事業）を活用して「蕪栗沼ふゆみずたんぼプロジェクト」を開始した。

プロジェクトでは次の六項目に取り組んだが、それぞれについては次節以降で紹介する。

① ふゆみずたんぼ農法による沿岸部の津波被災水田での抑塩技術の実証
② 蕪栗沼に自生するヨシを原料としたペレット製造による地域エネルギーの創出
③ 地域と外部の人をつなぐスタディツアーやふるさと便「まー、あがいん便」の実施

④　都市部（仙台や首都圏）でのプロモーション
⑤　コミュニケーションツール（絵本、映像、ＷＥＢサイト）の企画・制作
⑥　ＣＥＰＡ（Communication, Education and Public Awareness：自然の価値と持続可能な資源利用のあり方を次世代に伝えるための「広報」「教育」「普及啓発」活動を総じていう）教材・プログラム・シラバス作成

2　東北の復興は人と自然の共鳴から

東日本大震災と大崎市の取り組み

東日本大震災発生から二カ月経った五月の連休のころ、新幹線が再開するや私は大崎市を訪問した。震度六強の地震により建物の倒壊や橋の崩落など甚大な被害を受け、インフラの復旧工事や、沿岸部からの二〇〇〇人を超える避難者の受け入れなど、市の職員の皆さんは不眠不休の日が続いていた。しかし、こうしたときだからこそ、地域のユニークな資源を活用し、地域にもっとお金が流入する仕組みを作り、地域を復興する取り組みに着手してはどうかと市役所の関係者と企画を検討し、総務省の「緑の分権改革調査事業」に

応募した。

採択された「蕪栗沼ふゆみずたんぼプロジェクト」のビジョンは、〝自然・生きものと共鳴する営みを通じたコミュニティづくり〟とした。プロジェクトは翌年も総務省の「被災地復興モデル調査事業」を活用し、継続した。

主な取り組みは前述の通り、①ふゆみずたんぼ農法による津波被災水田の再生、②蕪栗沼のヨシを原料としたペレット製造による環境保全、③地域と外の人をつなぐスタディツアーやふるさと便の開発、④都市部（仙台や首都圏）でのプロモーション、⑤メッセージを伝えるコミュニケーションツールの企画・制作、そして⑥生物多様性学習のプログラム開発、である。

プロジェクトがどのように始まり、どのように展開し、どのような成果を上げつつあるのか、また、何が阻害要因や課題となっているのかについて報告することは、有機農業や生物多様性をテーマとした地域づくりを考える読者には大いに参考にして頂けると思う。

情報共有・共感の醸成でチームビルディング

プロジェクトのはじめの一歩として二〇一一年一〇月に関係者が一堂に会するキックオ

フ・フォーラムを開いた。ふゆみずたんぼ農家をはじめ、地元の二つのＮＰＯ法人（蕪栗ぬまっこくらぶ、田んぼ）、応援団として大崎市と仙台市の消費者（女性）、事業者（酒蔵）、大学（宮城大学事業構想学部風見研究室）、自治体、そして東京から絵本作家やクリエイター、コーディネーターが参加するという体制でチームを編成した。大崎市は産業経済部長・丸田雅博さん、産業政策課長・西澤誠弘さん、および自然共生推進係長・高橋直樹さんが担当した。また、事務局をランドブレイン株式会社地方活性化グループチーム長・上原望さんが務めた（肩書きはいずれも当時）。メンバー全員が、「生きものが土を作り、土がお米を作り、お米が私たちの身体を作り、私たちが地域コミュニティを作る」というベーシックな循環を、右脳と左脳、五感を通じて理解することが必要だと考えた。フォーラムでは、お互いの専門分野の経験やプロジェクトへの思いを共有し、一緒にマガンのねぐら入りを見学し、地元の美味やお酒で交流を図った。

そして、五カ月後の二〇一二年二月下旬には、初年度の成果報告会を開催し、絵本や映像のお披露目、津波被災水田の再生状況、ヨシペレットの製造についてなど、広く市民の方を対象に報告した。キックオフ・フォーラムの準備から報告書の作成まで、五カ月間という短期間だったが、市町村合併以降の数年間、点で活動をしていたふゆみずたんぼ関係者および共感者を結集する契機となった。

美しいメディアを作る

私が蕪栗沼、ふゆみずたんぼ、渡り鳥など、美しくまた心動かされる人と自然の絆の物語を知ったとき、それがあまり伝わっていない、もったいないと思った。そこでそれらを伝達するため絵本、ＷＥＢサイト、映像を制作することにした。絵本は葉祥明氏に、映像（ショートムービー）とウェブサイトはThink the Earthの上田壮一氏にプロデュースを依頼した。

少し紙幅を割いて、このコミュニケーション活動のプロセスについて紹介したい。なぜならば、多くの農山村の美しい景観について地域の人はその素晴らしさに気づいておらず、都市部居住者にそれをいかに伝えるかという視点が重要だと考えるからである。

コミュニケーションのコンセプト

コンセプトは「渡り鳥や生きものと共生し、命を育む、美しいふゆみずたんぼの取り組みを通じ、自然や命を大切にする暮らしや社会を提唱する」というものである。取り組みへの共感の輪を広げるために、絵本、映像、展示会をメディアとして選んだ。また、地域の子供たちに深く理解してもらうために生物多様性学習会を実施した。

絵本は、渡り鳥と共生する農業を営む農家に対し、渡り鳥からのメッセージを届けるというコンセプトで葉氏に描き下ろして頂いた。

映像および写真は、上田氏をクリエイティブディレクターに、仙台の映像制作会社ＤＭＰの高平大輔氏を監督に迎え、作品はＷＥＢサイトに掲載している（http://kabukuri-tambo.jp/movie/ 二〇一四年一〇月二〇日閲覧）。

映像は、映像詩「蕪栗沼ふゆみずたんぼ」（秋冬編）、「稲刈り授業編」「マガンの視点」「収穫～年越し編」「田んぼの生きもの調査編」「エンディング（総集編）」の六本である。

学習会は、田んぼのしろかき、田植え、草取りと生きもの調べ、絵本朗読＆ねぐら入り観察会、稲刈り、収穫祭と六回をＮＰＯ法人田んぼと大崎市の共

図６　絵本『渡り鳥からのメッセージ』

催により実施した。なお、映像の制作・学習会の実施の一部はW-BRIDGE（株式会社ブリヂストン、早稲田大学の連携研究プロジェクト）の研究委託を受けて実施した。

作品のメッセージ

一連の作品を通じて次の三つのメッセージを伝えたいと考えた。

① 命をつなぐお米が育まれる場所、田んぼ

とくに「ふゆみずたんぼ」の土には昆虫や、微生物がたくさんいる。その田んぼでできるお米は強い生命力を私たちに授けてくれる。大崎市はササニシキ発祥の地。

② 渡り鳥に選ばれし地

蕪栗沼・周辺水田蕪栗沼に毎年晩秋に飛来する渡り鳥（マガンやハクチョウなど）の、夜明け前の飛び立ち、日中は田んぼで落ち穂をついばみ、日没の蕪栗沼へのねぐら入りなど、稀有で素晴らしい景色がある。

③ 渡り鳥との共生を目指す農業者の取り組み

春~秋、田んぼで米を植える。稲刈り後、渡り鳥の飛来を待つ。冬、田んぼに水を張る。

この生きもの、自然、農業が共鳴する物語を多くの人に伝え、残したい。
これら三つのメッセージは、映像詩「蕪栗沼ふゆみずたんぼ」（秋冬編）では、

人と自然が共鳴する暮らし
それは、日本の東北にありました
宮城県大崎市蕪栗沼　ふゆみずたんぼ
水があるから、生命が生まれる
生命の営みと、人の営みが響きあう
生命の歌が帰ってくる

というコピーで表現されている。

私たちがこの詩に込めている思いは、命を大切にし、自然と共生する生き方、環境・社会・経済調和型のサステナブルな地域社会を志向する東北人の心である。それは、東北発の、大震災・原発事故を経験したからこそ改めて再認識された、新しい日本に必要な価値観であると確信している。蕪栗沼の豊かな自然、マガンの命の歌、ふゆみずたんぼの生き

ものの賑わい、ササニシキの美味などを、絵本や映像、展示会を通じて広く知らせ、興味を持った方たちに東北に足を運んで頂きたい。そして実際にササニシキを食べ、観察会や見学会などを通じ、五感で命の豊かさ・美しさを感じて頂くことで、こうしたメッセージが届くことを願っている。

「ふゆみずたんぼ広め隊！」そして企業も参加

また、仙台市や大崎市内居住の女性による「ふゆみずたんぼ広め隊！」を組織した。地域の女性が参加することで、口コミやユニークなアイディアが生まれることが想定されたからだ。二〇一一年度には蕪栗沼やふゆみずたんぼの魅力やプロジェクトの進捗を、ブログやフェイスブックなどソーシャルメディアを通じて情報発信して頂いた。

さらにツアーやマルシェの企画を練り、「マルシェジャポン仙台」に出展したブースでは、設営から試食のお料理作りや提供までを一緒に行った。広め隊の一員である食の専門家、桜井真理子さんには、二〇一三年度にはふゆみずたんぼササニシキ玄米焙煎粉を活用した商品開発などに参画して頂いている。

応援団は個人だけではない。広め隊の一員でもある「一ノ蔵」マーケティング室長の山

図７　「丸の内さえずり館」での企画展示イベント

田好恵さんは二〇〇六年に「ふゆみずたんぼの純米酒」の企画・商品化を行っていた。

二〇一三年、一四年二月には世界最大のオーガニック商品の見本市「BioFach（ビオファァ）」（ドイツ・ニュルンベルク）に出展し、ふゆみずたんぼのササニシキ、「ふゆみずたんぼ純米酒」の海外販路開拓にも努めた。また、三菱地所グループと「丸の内シェフズクラブ」が行っている「Rebirth東北フードプロジェクト」では、二〇一一年一一月および二〇一二年四月に仙台ロイヤルパークホテルで食イベントを開催しているが、その際にもササニシキを採用して頂いた。二〇一二年一一月には新丸の内ビル内のレストラン「ムスムス」およびギャラリーで、大崎市と南三陸町の事業者、農家、自治体が協働した「ふゆみずたんぼネットワーク」と題するプロモーションを実施した。

海のお母さん、里のお母さんにもレストランまで来て頂き、郷土料理を作り、提供するイベントを行った。さらに、二〇一三年一一〜一二月には二カ月にわたって有楽町駅近くにある「丸の内さえずり館」にて企画展示「渡り鳥からのメッセージ――蕪栗沼・ふゆみずたんぼ」を開催し、展示および三回のセミナーを行った。

同じ思いを持つ者同士の交流により創出される〝縁需〟

さらに、首都圏や東北の女性たちにも知ってもらおうと、東京のNPO法人「JKSK女性の活力を社会の活力に」が、震災直後より始めた復興推進「結結プロジェクト」とも連携し、二〇一三年一〇月の第四回車座の開催に協力した。一泊二日の現地視察と課題解決ワークショップの開催地として初日は南三陸町、二日目が大崎市となった。最後のプログラムは蕪栗沼でのマガンのねぐら入り見学だったが、その取り組みや光景を五感で体験した参加者の多くが、一年以上経った今でもその感動を口にするほどだ。

このように、共感をベースとした個人や団体、企業の応援団の存在もとても重要だと思う。なぜなら彼らの多くが、その後取り組みを応援しよう、感動をシェアしようと、人に伝え、再度来訪し、関連商品を購入するようになるからだ。

震災を契機に従来の関係者に新たなメンバーが結集し、三年にわたってふゆみずたんぼをテーマに復興の地域づくりに取り組んできた。

地域資源を総動員した〝農山漁村力〟と、さまざまな主体の〝連携・協働力〟が、農地や漁場を再生し、被災地の地域コミュニティを豊かな場所に再興し、関わる人が幸せになる。同じ思いを持つ者同士の交流により創出される需要、〝縁需〟がサステナブル・コミュニティを支えていくのではないだろうか。

なお、これらの取り組みは、二〇一三年一二月、復興庁助成「リバイブジャパンカップ」においての「蕪栗沼ふゆみずたんぼプロジェクトでのコミュニケーション活動」がカルチャー部門コミュニケーションのグランプリを受賞した。また、一四年二月には大崎市役所が計画行政学会「第一五回計画賞」において「生きもの共生型農業を核とした持続可能な地域づくり——蕪栗沼・ふゆみずたんぼプロジェクト」で最優秀賞を受賞するなど、一定の評価を得ることができた。

（大和田順子）

全体計画・推進・調整：大崎市
産業経済部　自然共生推進係
蕪栗沼・周辺水田
423ha
蕪栗沼他
164ha
周辺水田
259ha
＜米＞
ふゆみずたんぼ
有機JAS米（ササニシキ，
ひとめぼれ）
・JA，公社，生協
自然共生農業
・地元農家
＜米加工食品＞
日本酒
味噌
米加工品
・地元事業者，醸造専門家，
研究者，専門家
経　済
ふっふっ食堂
＜地域循環経済＞
交流拠点としての食堂
＜販路開拓＞
海外や首都圏等でのプロモーション
＜ツーリズム＞
・専門ガイド，
旅行会社
環　境
＜環境保全＞
ヨシペレット製造による
ヨシ原保全，CO_2削減
＜渡り鳥＞
生きもの調査
・専門家，農家
＜人材育成＞
生物多様性価値理解促進
学習・NPO，学校，市民
おおさき生きものクラブ
社会・文化
＜景観＞
宮城県北部らしい農村景観
・農家，集落
＜メディア＞
絵本
映像
・クリエーター，
アーティスト
＜食文化＞
発酵文化
郷土料理
蕪栗沼
ふゆみずたんぼ
プロジェクト
Kabukuri Wetlands "Fuyumizu Tambo" Project

図８　コモンズとしての蕪栗沼・周辺水田――多様な主体による資源の多面的活用

3　ふゆみずたんぼによる津波被災水田の再生

田んぼの生物多様性向上を進めるNPOとして

NPO法人「田んぼ」は、二〇〇六年に法人化したが、それ以前、九〇年代の後半から生物多様性の概念に基づいた「田んぼの生きもの調査」の民間研究としての手法を開発し、各地の農家や市民とともに実践的に調査研究を重ねてきた。大崎市の田尻地区をはじめ、全国各地で「ふゆみずたんぼ」農家の支援を行い、世界各地のふゆみずたんぼのリサーチや、各国のNPO、NGOと連携し、水田を中心に生物多様性の促進に努めてきた。二〇〇八年に韓国で行われたラムサール条約第一〇回締約国会議では、「水田決議（湿地システムとしての水田の生物多様性の向上）X三一」が全会一致で採択されたが、この決議に与えた「ふゆみずたんぼ」の実践の影響は大きいといわれている。

地中海沿岸デルタ地帯の水田がヒントに

スペインのバレンシア地方では、パエリアなどのコメを使った料理が盛んで、一人あたりのコメの消費量は日本人より多く、年間七〇キロほどである。ちなみに農水省によると、日本の一人あたりの消費量は一九六五年度の年間一一一キロから二〇一三年度は五九キロまでほぼ半減している。バレンシア地域では、収穫を終えた田んぼに、毎年一一月一日になると一斉に水を入れて、翌年の一月末まで「ふゆみずたんぼ」を行っている。スペインでは、これを「ペレローナ」と呼び、二〇〇〇年以上も続く、持続可能な農法である。水田を含むラムサール条約湿地のあるアルブフェラやエブロデルタ、ペレローナの語源となったペレーロという村、ドニャーナ湿地などスペイン各地で広範囲に「ふゆみずたんぼ」が行われている。

図９　スペイン・エブロデルタのペレローナ

これら地中海沿岸のデルタ地帯は、機械化や、効率化のために超乾田化が進んできた。農薬や化学肥料の使い過ぎや、乾田化による毛細管現象によって、地下の塩分が土の表層に出てくる塩害が現れ、作物が育たなくなってきた。その対策として注目されたのが伝統的な「ふゆみずたんぼ」の考え方だった。エブロデルタでは、田んぼのほぼ全面積二万四〇〇〇ヘクタールが「ふゆみずたんぼ」になっている。

津波による生態系攪乱

二〇一一年三月一一日の東日本大震災による津波は、被災地の水田にも大きな影響を及ぼした。現在復興が試みられている水田は、脱塩のための大規模な圃場整備によって、表土が剥がされ、数千年以上にもわたって伝統的に培われてきた里山・里地・里海の連携した文化や生物多様性が、適切なアセスメントなしに破壊され続けている。古来より津波被災地域には「津波被災後の農地は豊かになる」といった言い伝えが残っている。それはスペインのエブロデルタがそうであるように、沿岸部に堆積されたデルタ地帯の有機物と海からのミネラルが供給されたためであることが、私たちのこれまでの水質と土壌成分、土壌微生物活性度調査によって科学的に証明されつつある。

かつて、世界の四大文明において洪水常襲地帯が、生態系システムの定期的攪乱と復元によって生物多様性が保持され、同時に有機物とミネラルの供給によって生産性が支えられてきたという歴史的システムと同様の仕組みが、津波の生態的な撹乱にもあったことが考えられる。

これらのことにより、被災地の生態系の持つ復元力（レジリエンス）を活用して、農地を復興するならば、田んぼの生物多様性と、農地の生産性・持続性を同時に解決することができるのではないか、という仮説を立てた。そして、宮城県大崎市田尻のラムサール条約湿地である「蕪栗沼・周辺水田」等で一九九八年から一五年間にわたって培ってきた自然農法としての「ふゆみずたんぼ」の湛水システムを津波被災地の再生に適用した。

南三陸町志津川熊田の水田再生

震災直後の二〇一一年四月から宮城県気仙沼市大谷を皮切りに、宮城県塩竈市浦戸諸島寒風沢《さぶさわ》島、宮城県南三陸町志津川按葉《たらば》流域で生態系の復元力を活用した津波被災地の水田復興を行ってきた。この間、一二〇〇人を超えるボランティアを被災地に導入し、手作業で田んぼの復興を試みた。自然農法のシステムである「ふゆみずたんぼ」を活用して抑塩に成功した。生物多様性、水質、土壌成分の科学的なモニタリングを継続し、気仙沼の水田では二〇一一年の秋から豊かな収穫を実現することができたのである。

ここでは南三陸町志津川熊田の約八〇アールの水田の再生を紹介したい。

水田は沿岸より二・五キロの距離に位置するが、河川をつたって津波被害を受けた。二〇一一年夏、私たちの呼びかけにより、首都圏の団体やＭＳ＆ＡＤインシュアランスグループホールディングス株式会社など企業がボランティアとして復興支援活動に来てくれることとなった。そして大きな瓦礫の撤去や手作業で小さな瓦礫の撤去を行い、一〇月には水田に水を入れ、ふゆみずたんぼ（来年度栽培準備に向けた近くの川からの水の循環）とした。翌一二年春に田植え、夏に生きもの調査などを行い、秋には無事、収穫を迎えることができた。ボランティアなど関係者が皆で鎌を使って手刈りをし、農家に教わりながらワラで結んで束にし、穂仁王《ほにょ》と呼ばれる形に稲を重ね、天日干しにした。

被災直後は、高濃度の塩分が検出されたが、雨水や、ふゆみずたんぼによって、作土層の塩分が除去された。自然と人の両方の力によって、効果的に作土層の塩分を除去することができることがわかった。二〇一一年七月時点で三・八パーセント前後だった塩分濃度は、二〇一二年二月時点で〇・一パーセント以下となっていた。生きもの調査の結果、生態系も戻ってきており、田んぼが健全な状態に戻ってきていると考えられる。

これは地元農家の復興への思いを受け、多くの都市部ボランティアが田んぼ再生に携

図10　南三陸町志津川熊田の取り組み

わった成果である。被災地の生物多様性は順調に回復を見せており、各地のＮＧＯ、研究者、企業、自治体のコンソーシアム組織によって支えられた今回の活動は、復興のシンボルとしての「福幸米」の生産につながった。このお米は企業の社員食堂やボランティアにより購入頂き、完売した。

二〇一三年度もＭＳ＆ＡＤは継続的にボランティアを派遣するとともに、地元の小学生を田植え、生きもの調査や稲刈りに招いた。ヒメアメンボ、ミジンコ、シュレーゲルアオガエル、シマゲンゴロウ、ミズカマキリ、イモリなど様々な生きものがいて子供たちは大喜びだった。

また、二〇一四年度は味の素冷凍食品株式会社からの支援もあり、さらに陸前高田の津波被災水田にもふゆみずたんぼは広がった。

生態系復元力による復興

津波被災地は、土木工事による公共工事が優先され、各地に防潮堤建設や、商業地の嵩上げ工事、復興住宅の建設が進んでいる。しかし、地域の産業の基盤となるべき一次産業は依然として、復興の兆しが見えない。私たちは、まずは地域の基盤となる産業が東北復興の鍵になると考えてきた。

とくに、被災地居住者の高齢化にともない、高齢者が主体的に持続可能な形で自らの健康を保ちつつ生産性を上げることができるのは、小規模な一次産業を維持することにほかならない。私たちの活動は、伝統的農業の支援の形をとっているために、高齢者や一般人、農業の知識の少ない若者でも、大きな投資なしに活動に関わることができ、被災現場の高齢者や、自然農法に関心の高い若者からの評価は高い。同時に「地域に再び生きがいを与えてくれた」という声も聞かれるようになった。

伝統的な農法による田んぼの復興は、二〇〇四年にスマトラ沖の大津波の際にも「津波ボーナス」といった表現がなされ、生態系の復元力と生産性の向上を、化学物質を使わない農法によって復興する例として高く評価されている。

二〇一五年三月に「第三回国連防災世界会議」が仙台で開催されるが、国際会議の中で、尊い犠牲を払った震災から学んだ経験と教訓を広く伝え、後世へ継承し、世界の防災文化の発展に寄与していかなければならない。また、今回の水田の復興過程は、コミュニティレベル、市民レベルでの取り組みの大切さを示すメッセージになると考えている。さらに、生態系の復元力を活用した田んぼの再生が、コスト面や、生物多様性の復興にいかに有効に働いたかというこの取り組み事例は、持続可能な復興モデルとして発展途上国を含む多くの地域に大きな影響を与えることになると確信している。

＊　南三陸の津波被災水田の復興には味の素冷凍食品株式会社「東北に元気を！　明日を耕すプロジェクト」により支援を頂いた。

（岩渕成紀）

4　ふゆみずたんぼササニシキの魅力

天然の肥やしが作る旨さ

はじめて、ふゆみずたんぼのササニシキを食べたときの衝撃を今でも覚えている。それは「蕪栗沼ふゆみずたんぼプロジェクト」が始動し、キックオフ・フォーラムの交流会が行われた際のことである。宮城で生まれ育った私は、子供のころからササニシキを食べ、大きくなった。その香りも味わいも食感もすべて舌と脳が覚えており、常食しているお米の中にも県内産のササニシキがあることから、当然同じものとのつもりで手を伸ばしたのだが。単純なその白飯のおにぎりは、ササニシキの持つ優しくて品のよいごはんの香りに加え、普通はその特徴として「サラリと淡白」とか「やわらか」という言葉が添えられるのであるが、とんでもない。サラリ感はあるがそれ以上に心地よい弾力と、適度な歯ごたえ、そして何より甘みがあり、良い意味で「えっ⁉ これがササニシキ⁉」という裏切り方をされたのである。通常の田んぼで栽培されるササニシキと、このふゆみずたんぼで栽培されるササニシキ。土壌の成分や土質についてくわしく語ることはできないが、少なくとも冬季にやってくる渡り鳥たちや、その他、昆虫、微生物などが造り上げる天然の肥やしによって、通常のササニシキにはない、力強さと存在感が醸し出されているのは間違いないと思われる。

お粥でわかるササニシキの味わい

ご存知の方も多いと思うが、ササニシキは、一九六三年に宮城県大崎市にある古川農業試験場で誕生した。ハツニシキとササシグレを掛け合わせた品種である。そして、その始祖を辿ると、旭、亀の尾という二大品種に行き着く。コシヒカリもこの系譜の中に存在するわけだが、コシから見ると、ササニシキは「甥」にあたる存在となる。また、お米には硬質米と軟質米があるが、ササニシキは典型的な軟質米で、お粥にしたときに芯までやわらかくなりトロトロの糊状になる。同じ宮城生まれでもひとめぼれ（コシヒカリ×初星）

は硬質米のため、お粥にしても粒が残る。

お米からじっくりと時間をかけて炊き上げたお粥は、もはや食べるというよりも飲む感覚だが、完全に溶解した状態でのササニシキを口にすると、このお米の持つクセのない味わいや、デンプンのほんのりとした甘さというのがよく理解できる。夏にはお粥を冷やしておき、塩、醤油、辛みそなど好みの調味料で少し味付けしたものを冷製スープのように頂く。食欲のないときにはおすすめである。

焙煎した玄米粉でスイーツ

ところで、このところさらなるおコメの需要拡大ということで、米粉の粒度をさらに微細にする開発が進み、小麦粉の代替品として、あるいは米粉だからこそ……的な利用の仕方が各方面で色々と編み出されている。パンや麺、スイーツ、スナック菓子などはその代表格だが、その他にも水を入れるだけでお餅になるもち米粉や、カップに入れて牛乳を加え、電子レンジで加熱するとカップケーキになる米粉など、ひと手間で口にできる半完成品も次々登場してきている。このふゆみずたんぼのササニシキに関しても加工食品の開発はテーマの一つであることから、とくに粉体にしたときのポテンシャルがどのようなもの

図11　ふゆみずたんぼササニシキの新商品

か試してみたいと思い、検討を行った。

米粉の加工に関しては、既存のものと同じではなく、玄米の状態で、しかも一度焙煎したものを粉にするという方法を選んだ。この加工に関しては、山形県にある米粉の専門メーカーが技術を持っており、以前、個人的に取材をさせて頂いたときに非常に興味深いものだったことから依頼した。加工方法は、玄米をある温度帯で香ばしく焙煎、それを精度の高い粉砕機で一二〇ミクロン（一二〇メッシュ）の粒度にするもの。ザラつきも気にならず、また一度加熱してあるため粉の状態でそのまま口に入れることができ、簡単な摂取方法としてはお湯を注ぐだけで芳しい玄米飲料にもなる。その他、牛乳とバニラアイスに加えてミキシングし、シェイクにしたものも大変おいしかった。加えてこの状態での食物繊維の量が一〇〇グラムあたり約三・八グラムあることから、スッキリ感の不足している女性にはとくにオススメである。

この焙煎した玄米粉ではもう一つ、スイーツ原料としての方向性も試みた。都内で米粉のお菓子を出すカフェの代表の方に作って頂いたのが、パウンドケーキやマフィン、そしてクッキーである。結果としてはクッキーが秀逸で、焙煎した玄米粉以外に小麦粉などの粉ものは加えない（バターや砂糖等は含む）にもかかわらず、とても香ばしくてサクッと軽く、しかも深みのある味に仕上がったのには驚いた。今後、味のバリエーションなども含め、他のスイーツへの展開なども模索したいと考えている。

和食と相性の良いササニシキ

さて、話をコメに戻そう。ここのところ品種としてのササニシキは、その作付面積の減少が危惧されている一方で、首都圏でお米屋さんをしている知人の話だと、指名買いをする根強いファンの方も相当数いらっしゃるそうだ。モチモチ感とか冷めてもおいしいという現代人のニーズは、それはそれで無視できないが、しかし何でもかんでも迎合してしまったらコメの品種としての多様性は失われる。

折しも和食が世界遺産に登録された。コシ系に比べるとアミロース含有量が多いため、モチモチ感よりサラリとした食感が強調されるササニシキは、和食との相性が抜群に良い。お寿司屋さんの中にも、寿司酢を合わせるにはベタつかないササニシキが良いという方が数多くいらっしゃる。

和食の膳にはやっぱりササニシキ、この追い風に乗り、ふゆみずたんぼのササニシキにも大きなブレークが来ることを期待したい。

＊　ふゆみずたんぼササニシキの商品開発やブランディングについては、キリンビール株式会社「キリン絆プロジェクト」により支援を頂いた。

（桜井真理子）

5　「ふゆみずたんぼ」とともに歩む一ノ蔵

四社合同により誕生した蔵元

株式会社一ノ蔵は、宮城県内の四つの蔵元が企業合同し、一九七三年に創業を開始した。高品質の酒を手づくりで醸すことを今もかたくなに守っている。設立当初はオイルショックと知名度の低さから厳しい経営を強いられたが、日本酒の級別制度の矛盾をついた「無鑑査一ノ蔵」のヒットで全国に知られるようになり、現在では南部杜氏伝統の酒づくりを継承する一方で、「ひめぜん」や「すず音」といった新しいタイプの商品開発で、女性や若い日本酒ユーザーからも支持を得ている。

現在ではリキュール、あま酒なども生産し、自社に農業部門を作り、農業をプラットフォームにすえた「一ノ蔵型六次産業」を実践している。それは、一ノ蔵の経営理念に、当社のミッションが明文化されている。「人と自然と伝統を大切にし　醸造発酵の技術を活用して　安全で豊かな生活を提案することにより　社員　顧客　地域社会のより高い信頼を得ることを使命とする」というものである。

「ふゆみずたんぼ米」との出会い

大崎といえば県内有数の穀倉地帯である。この豊かな自然を守り、地域の主幹産業である農業を支えることが使命であり、また我々の生業は、そこで生産される原料米があってこそ成り立つものである。そのことをまざまざと知ることになるのは、一九九三年の冷夏によるコメの大凶作であった。それまで順調に製造石数を増やしていた一ノ蔵が、はじめて減産を余儀なくされ、改めてコメがなければ何一つできない商売であることを実感したのだった。

この経験から、翌年には社内で農業問題研究会が発足し、それは現在、一ノ蔵農社も所属する「松山町酒米研究会」へと発展し、高品質の酒米確保のためにリスクもともに負担するという新しい仕組みが生まれた。

やがて、一ノ蔵は作る人にも食べる人にも優しい、農薬や化学肥料を使わないコメと出会い、それを原料とした商品化に踏み出した。一九九六年のことである。環境保全型農業を経験し、それがいかに大変な努力を必要とするかを知り、商品の売上げの一部を活動資金として寄附するなど、具体的な支援策も講じ始めた。

そして二〇〇五年、当時、田尻高校の教諭であった岩渕成紀氏と出会い、蕪栗沼周辺水田で育まれる「ふゆみずたんぼ」農法によるササニシキによる酒づくりを決意した。それがいかに素晴らしい農法であるか、加えて生物多様性に優れ、環境を保全し、未来へ手渡すべき価値ある活動であるか熱く語る氏の情熱に賭けてみたい気持ちになったのだ。

破精込みの良いふゆみずたんぼ米

これまでの経験から、製造の現場では、有機米を使った酒づくりでは、麹づくりにおいて麹菌が米の内部にまで繁殖がよいことをいう破精込《はぜこ》みがよく、でき上がりの香りが良好で、醪《もろみ》の発酵も穏やかに進むことで良い酒へと仕上がることが経験上わかっていた。

日本酒の製造工程のややくわしい説明になるが、破精とは、日本酒の醸造過程の中で麹づくりの段階で起こる現象である。麹菌の菌糸が蒸し米に根づき、喰いこんだように見える状態をいい、作り手の人間の肉眼から見ると、コメのあちこちに出てくる白い斑点をいう。これが麹菌が徐々に繁殖してきた兆候である。繁殖にともない繁殖熱を発するようになり、このときの温度を四〇度から四二度に維持することが、麹づくりという工程で大事なところとなる。この白い斑点である破精が、米粒の一点だけに生じているのか、あるいは全体に生じているのかによってその後の米の溶け具合が異なってくる。

これは播いた種が発芽し、土中にしっかりと根を張ることに似ている。しっかりとした根が四方八方に広がり、健全に成育するための基本となるさまを想像してほしい。この状態をデータ化することは難しいが、いわゆる杜氏の勘とも言うべきもので、繰り返された経験の中で確認されている。

図12　特別純米酒一ノ蔵冬期湛水仕込み

平成一八年にふゆみずたんぼのササニシキを原料とした「ふゆみずたんぼ　一ノ蔵　特別純米原酒」が新発売となった。初年度は一・八リットル一〇〇〇本、七二〇ミリリットル一九〇本ほどであったが、以来、少ないながらも原料確保に協力頂き、毎年商品力を向上させている。マガンが渡ってくるころ、毎年九月中旬に再発売されるが、最近では徐々に知名度やその味わいへの評価が高まり、マガンが再び旅立つ三月を待たずに商品が完売してしまうほどの人気ぶりである。そこで二〇一三年度からは仕込みを増量させ、二〇一四年は当初の約三倍の量を仕込む計画だ。

震災の年に生まれた子供が二〇歳になるまで

日本酒は一九七四年、まさに一ノ蔵が産声を上げた翌年をピークに、長期低落傾向が続く斜陽産業である。しかし、伝統と優れた技術によって育まれた、高品質で本物の味わいを知る人々によって清酒は何とか生き残ってきた。そこへあの東日本大震災が襲ったのだった。

震災によって設備は甚大な被害を受けたが、手づくり蔵ならではの人力で、初期修繕を行い、二カ月を待たずに酒づくりを再開することができたのは不幸中の幸いといわねばならない。酒づくりのプロたちは、それぞれの道具や機械のプロでもあったのだ。

ただ心配だったのは福島原発事故による風評被害であった。震災直後は清酒にこれほどのご支援、関心を寄せて頂けるとは予想だにしていなかったが、全国から多くの注文が殺到し、社員一同日々感謝の気持ちで仕事に向かうことができていた。そんな矢先、心配していた風評被害を地元の若い農家から聞くことになる。「ふゆみずたんぼのコメが、東京のお客様から放射能に汚染されたコメだと言われて続々返品されてきた。それも着払いで。困った。うちはこれからどうなんだべ」。主にインターネットを通じ、個人客に販売していたふゆみずたんぼの生産農家の一人である斎藤肇さんが、私に悩みを打ち明けてくれたのだ。

震災の翌年、一ノ蔵は「三・一一未来へつなぐバトン」という酒を限定販売し、その売上げの全額を「ハタチ基金」に寄附をした。初年度の二〇一二年は六八〇万円にのぼった。当時、全国から寄せられたご支援に対し、震災によって厳しい状況下におかれた子供たちを救うことで少しでもご恩返しがしたいと立ち上げたプロジェクトである。

そこで、放射能検査も受け、安全性が確保されている彼のコメを全量当社が買い取り、二年目の「未来へつなぐバトン」酒を醸すことを決定した。

未来へ渡したい、残すべき農法・ふゆみずたんぼによるササニシキが、具体的に震災によって傷ついた子供たちを救うための酒になり、多くの人々の共感を得て全国へと羽ばたいていった。「ハタチ基金」の名の通り、当社でもこの取り組みを二〇年続けることを決意し、震災時に〇歳児だった赤ちゃんが、二〇歳になって一ノ蔵を飲んでくれる日が来るかもしれないと想像すると胸が躍るような喜びがこみ上げてくる。

ビオのSAKEを海外へ

二〇一三年二月一三〜一六日、ドイツ・ニュルンベルクで開かれた世界最大のオーガニック見本市「ビオファ二〇一三」に参加した。日本貿易振興機構（JETRO）が主催した初の「ジャパンパビリオン」に被災地枠として一ノ蔵も出展したのだ。出品酒は有機原料米清酒「特別純米酒一ノ蔵冬期湛水仕込み」。八六カ国から出展者が集まった巨大な見本市で、世界中のバイヤーがこのパビリオンを訪れ、一ノ蔵のブースにも立ち寄ってくれた。炊き立てのササニシキと純米酒を試食・試飲頂いた。

「このSAKEは私がこれまで飲んできたものと違う。とてもスムーズでまろやかな味わいだ」「ビオのSAKE（有機米からできた日本酒）を待っていたよ」という嬉しい言葉、

図13　「ビオファ」（ニュルンベルク）でのプレゼンテーション（2014年）

中には「ＳＡＫＥ？　アルコール分は強いのでしょ？」という声も。どうやら透明な液体を蒸留酒と思われたようで、アルコール分のこと、原料が有機米であること、ふゆみずたんぼ農法についてなど、私たちが伝えたいことを熱心に説明した。

ヨーロッパでも寿司人気が高まり、日本酒の需要増が期待されている。私たちは日本酒が国酒であることに誇りを持ち、有機米で仕込んだ清酒を新しい日本の酒として世界のオーガニック市場に知らしめ、市場拡大に努力しなければならないと思う。被災地の農地をふゆみずたんぼで再生するとともに、持続可能な農業が支える日本酒をブランド化して、ものづくり日本の底力をみせようと決意した。
これら「ふゆみずたんぼ」のお酒は、まさに「未来へのバトン」なのだ。ふるさと大崎から全国、そして世界の多くの人々の手に、口に伝えていくことを自分のミッションの一つとしてこれからも生産者や地元の方々とともに歩を進めていきたい。

（山田好恵）

6　蕪栗沼のマガンとバイオマスエネルギー

蕪栗ぬまっこくらぶ

環境保全活動には、生きものや自然についてのくわしい知識や、長い時間をかけて活動できる組織が必要である。「蕪栗ぬまっこくらぶ」は、蕪栗沼を保全する活動を行うため一九九七年に設立され、二〇〇〇年にＮＰＯ法人となった。現在約二〇〇人のサポーターと一〇人の理事、二人の常勤職員によって運営され、市民団体による環境保全活動を行っている。その活動は、環境保全・環境教育・農業との共生を三つの柱とし、行政や地域住民との協働によって、蕪栗沼の豊かな自然環境を未来に伝えることを目標にしている。

ここでは生きもの共生型農業であるふゆみずたんぼ導入のきっかけとなった、蕪栗沼の冬の主役マガン、そして沼の保全活動として近年注力しているヨシのペレット製造というバイオマス利用について紹介したい。里地・里山にはまだまだ未活用の資源がたくさんあるのだ。

毎年四〇〇〇キロを渡ってくる

マガンは天然記念物に指定されている渡り鳥で、翼を広げると一五〇センチにもなる大きな水鳥である。冬になると繁殖地のシベリアから四〇〇〇キロ離れた日本に渡ってきて、宮城県北部や石川県、島根県などで越冬する。日本全国に約一〇万羽が飛来するが、そのうちの八割は伊豆沼・内沼、蕪栗沼、化女沼など宮城県北部の平野で越冬している。

雁の仲間は、世界に一五種類ほどいて、このうち日本には主にマガンとヒシクイ、コクガンの三種が飛来している。群れで行動する雁は、親子の絆が強く、仲間で助け合って生きている。

江戸時代、一般の人が雁を捕まえることは、固く禁じられていた。明治になって狩猟が解禁されたことで雁は乱獲され、シジュウカラガン、ハクガン、カリガネ、サカツラガン

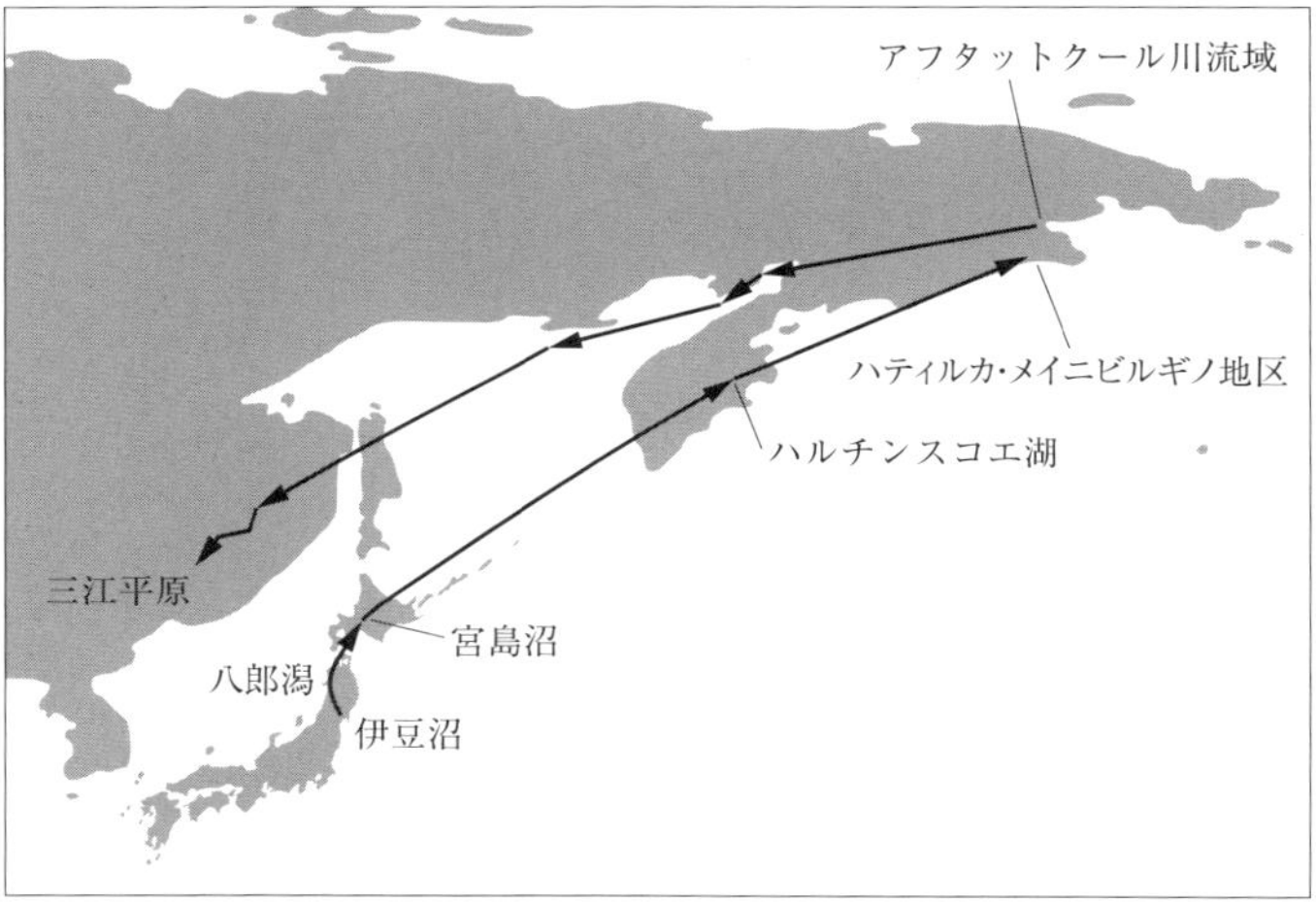

図14　人工衛星によるマガンの追跡
出典：池内俊雄『マガン』文一総合出版，1996年を改変

はほぼ絶滅した。一九七一年、マガンとヒシクイが天然記念物に指定されたが、すでに雁のほとんどの飛来地は開発により失われてしまっていた。

国境を越えて渡りをする雁の保全には、渡りのルートの解明と、飛来地の連携も必要である。一九九六年、「日本雁を保護する会」は、マガンに衛星発信器をつけ、日本に飛来するマガンの渡りのルートの解明を試みた。シベリアのツンドラ大地から日本まで、実に約四〇〇〇キロの空の旅をしている。北海道の「宮島沼」や「ウトナイ湖」、秋田県の「八郎潟」や「小友沼」を中継してくることが調査でわかった。海上では、千島列島やサハリンなど、日本の北にある島々を点々と渡ってくるものと考えられていたが、人工衛星で追跡してみると、北海道の宮島沼から、カムチャツカ半島の東まで飛び続けることがわかった。一〇〇〇キロもの距離を一〇時間かけて一気に飛ぶ能力を持っているのだ。

宮城県の鳥

マガンは、一九六五年の七月に宮城県の県鳥に制定された。先に述べたように日本に飛来するマガンのほとんどが宮城県で越冬している。宮城県以外の越冬地は、福井平野や宍道湖があるが、多いところでも数千羽だ。宮城県に集中している理由は、かつて狩猟が盛んに行われていたころ、最後に残ったマガンが宮城にいたためではないかと考えられている。

一九七一年に天然記念物に指定されたとき、日本に残るマガンは、仙台の福田町にいた約二〇〇〇羽のみだった。この群れは、国道四号線のバイパス工事の開始とともに宮城県北部の伊豆沼に移動し、それ以後ずっと伊豆沼周辺にいる。蕪栗沼では、一九七八年に数百羽がいたことが確認されており、一九九五年冬期から宮城県猟友会の狩猟が自粛されて急増した。

図15　毎年稲刈りのころ，飛来するマガン

現在、宮城県内のマガンは、県北の迫川、江合川《えあいがわ》、鳴瀬川、吉田川などの流域に、半径二〇キロにおよぶ範囲で生活している。その中心となるのが、「ねぐら」となる伊豆沼・内沼、蕪栗沼などの沼だ。マガンには田んぼと沼がセットになった環境が必要である。蕪栗沼にたくさんのマガンがいるのは、沼が安全で、かつ周囲に餌場である田んぼがあるからなのである。

マガンの一日

沼にいるマガンは、日の出の二〇分ほど前に、田んぼに向かって一斉に飛び立つ。朝焼けの空を背景に、何万羽ものマ

図16　蕪栗沼，マガンのねぐら入り

ガンが地響きのような音とともに飛び立ち、空一面を覆い尽くす、この感動的な風景を見るために、毎年たくさんの人が沼を訪れている。

朝、沼を飛び立ったマガンは田んぼへ向かう。マガンの食物として、よく知られているのが「落ち穂」だ。ただ、マガンは落ち穂だけを食べているのではなく、田んぼに生えている雑草も食べている。稲刈りが終わった田んぼには、スズメノテッポウやスズメノカタビラなどといったイネ科の雑草がたくさん生えてくるが、これを食べているのである。

田んぼで日中をすごし、夕方になると四方八方から沼へ帰ってくる。このねぐら入りの光景も大変素晴らしく、ファンが多い。蕪栗沼では、マガンの飛び立ちやねぐら入りが、一〇月から二月まで毎日繰り返されている。

蕪栗沼のヨシからペレットを製造

マガンの暮らす蕪栗沼のヨシ原は、かつて茅葺き屋根にするために利用され、毎年ヨシ刈りが行われていた。ヨシは冬に地上部が枯死すると、堆積して土砂となり沼の陸地化の原因となる。これを防止するために野焼きが実施されてきた。蕪栗沼では二酸化炭素の削減とエネルギーの有効利用の観点から、二〇〇八年からヨシやヤナギをペレットなどに加工し、バイオマスとして有効活用する取り組みの検討を開始した。ペレットに加工して燃料として利用することができれば、①陸地化の防止、②バイオマスエネルギー利用による地球温暖化防止への貢献、③エネルギーの地産地消による地域振興、の一石三鳥の効果が得られる。

二〇一一年度は総務省・緑の分権改革調査事業を活用し、ヨシの賦存量の調査、運搬方法、燃焼効率について実証調査を行った。

蕪栗沼は一五〇ヘクタールある面積のおよそ半分が植物に覆われた湿地帯である。このうちヨシ原がどれくらいを占めるか正確にはわかっていない。蕪栗沼で利用可能なヨシ原を約三〇ヘクタールとして、ヨシの賦存量を求めた。なお大崎市には、蕪栗沼の他、江合川、鳴瀬川、新江合川などの河川があり、利用可能なヨシ原の面積が蕪栗沼の数倍から十数倍あると推定される。

一ヘクタールあたりのヨシの賦存量は一・五〜四トンなので、蕪栗沼で利用可能な三〇ヘクタールのヨシの賦存量は四五〜一二〇トンとなる。

ヨシ刈り・収集・運搬方法

刈り取る方法としてはヨシ鎌を利用した手刈りが一般的であるが、もっとも効率の良い方法は、トラクターＰＴＯディスクモア（トラクターに取りつける草刈機）を主に使用し、細かい場所を牧草モアと併用して刈り取りを行う方法であることがわかった。また、刈り取ったヨシを運ぶのではなく、チッパー（粉砕機）を用いて移動しながら粉砕作業を行い、フレコンバックと呼ばれる丈夫な袋に梱包してからキャリアカーで運ぶ方法がよいと考えられる。作業期間は地面が凍結する一二月下旬から四月中旬までの約四カ月となる。

図17　ペレタイザー

製造工程と燃焼効率

ヨシのペレット化のためにはペレタイザーと呼ばれる圧縮装置とそれに付随するふるい、袋詰め機などの生産ラインが必要である。これらはコンテナに載る程度の小規模のもので、一〇〇〇万円ほどで揃えることができる。

またヨシペレットは、通常の木質ペレットと異なり灰分が多く、固まった灰が燃焼を妨げることがあるため、ヨシに河川の支障木であるヤナギなど木質ペレットを混合したペレットを製造した。

実証調査では蕪栗沼のヨシ原一ヘクタールにて、ヨシやヤナギを伐採し、ヨシペレット四〇〇〇キロ、ヤナギペレット一五〇キロを製造した。ヨシを焼却処分する場合、計四五〇万円の処分費がかかり、ヨシ刈りと処分を業者に委託した場合は、合計で年間約一〇〇〇万円となる。葦原三〇ヘクタールを野焼きからヨシペレット製造に転換することにより、年間七〇〇万円のコスト削減になる。また、陸地化を防ぐことにより、植生の回復につながり、ヨシは毎年生えることから、一ヘクタールで年間一五トンのCO_2削減にもつながることもわかった。

なお、このヨシペレットは二〇一四年度から年間二〇トン程度が市内に完成する市民病院のボイラーの燃料として導入されることが決まっている。

ヨシは乾燥させるエネルギーも必要なく、小規模なペレタイザーを使用して沼周辺でペレット製造を行える、低コストで高効率な製造方法だ。この方式を「ヨシペレット蕪栗沼方式」と名付けたい。全国の湿地のヨシやヤナギなど支障木の利活用のモデルとしても参考にして頂ければ幸いである。

（戸島　潤）

7　次の一〇年に向けて

絶滅の危機を回避して

ここまで渡り鳥と共生する農業、地域づくりに関わってきた方たちにより、人と自然が共鳴することの意味や、その具体的取り組みについて多面的に紹介した。最後にこれまでの取り組みを要約するとともに、直面している課題、そしてふゆみずたんぼの未来について触れておきたい。

今でこそ、毎年一〇万羽を超えるマガンが蕪栗沼や化女沼周辺で越冬しているが、一九六〇年代後半には数百羽まで減っており、絶滅の危機に瀕していた。その後、蕪栗沼の自然や野鳥保護の取り組みが始まり、その活動は盛んになっていった。一九九〇年代後半の頃は、自然保護団体と農家とは、むしろ対立的な関係であった。そこで、まずは九七年に五〇ヘクタールの水田が沼に戻され、マガンの生息面積が拡大した。続いて、この地域ならではの「生きものと共生する農業を確立させよう」というビジョンの提示と、「ラムサール条約湿地」への登録を目標にすえることで、両者が融和する道筋が町長によって示されたのである。

有機農業への取り組み

慣行農家がはじめて取り組む有機農業、草との闘いがいかに大変だったか、想像に難くない。しかし、それは闘いではなかった。二〇〇三年の「ふゆみずたんぼ」農法の導入による抑草や、さまざまな昆虫がバランスよく棲息する環境づくりであり、栽培技術の確立だった。町役場も支援のための政策・制度を作り、あと押しをした。二〇〇五年にはラムサール条約に登録され、有機ＪＡＳ認証も取得することができた。

二〇〇六年には一ノ蔵という地域を代表する酒蔵の共感を得て、「ふゆみずたんぼ」農法によるコメを使った純米酒が発売となり、継続して買い支える仕組みができていった。地域内でのラムサール条約登録湿地が化女沼へも拡大し、また、ふゆみずたんぼは豊岡や佐渡へも広がっていった。

東日本大震災による塩害抑制と風評被害の克服

しかし、二〇一一年の大震災に遭遇し、農家は風評に直面することになる。また、津波被害を受けた水田のふゆみずたんぼによる再生は、多くのボランティアの人手と、塩害抑制仮説実証へのチャレンジだった。そして、震災後の困難な時期だからこそ、関係者が再び集結し、生きものと共生する農業を核に、環境・社会・経済調和型の持続可能な地域づくりプロジェクトに取り組んだ。

水田を核とした生物多様性向上・大崎モデルの確立へ

二〇一三年から大崎市では、この十数年の蕪栗沼・周辺水田での取り組みにより蓄積されたノウハウを活かし、市民にもっとも身近な自然環境である「水田」を核とした生物多様性の向上と、地域経済の循環創出を目的として、「水田を核とした生物多様性向上・大崎モデル構想」をＮＰＯ、専門家や農家、生産物の流通・加工・消費に携わる地域内外の多くの関係者の参画を得て検討を進めている。市内の他地域に有機農法が広がるよう、水利権の関係からふゆみずたんぼの導入が難しい地区でも最大限生物多様性に配慮した農業を、またとくに抑草の技術開発を行い促進していこうという考えである。

一方、この構想の未来の担い手となる次世代の育成を図るため、大崎市では市内小中学生を対象とした環境教育プログラム「おおさき生きものクラブ（会員二一九人／当時）」事業を二〇一三年春から開始し、校外学習に取り組んできた。また、市内の自然環境保全に携わるＮＰＯ法人が提供可能な「学校向け環境学習プログラム集二〇一三」を全市立小中学校に配付し、活用頂く計画だ。

直面する課題は不足する地域の後継者

蕪栗沼・周辺水田の保全・活用における課題として、ＮＰＯ等の保護団体の担い手不足があげられる。蕪栗沼の保護活動の中核を担っているのは、ＮＰＯ法人蕪栗ぬまっこくらぶであるが、その職員はわずか二人である。一五〇ヘクタールに及ぶ広大な湿地の管理や保全活動を行うには決して十分とは言えない。蕪栗沼の保全・活用は本計画の根幹をなすものであり、持続可能な保全活用を担保しうる担い手の確保・育成と財源の確保が急務である。

今後は、これまで実践されてきた各種エコツーリズムやスタディツアーを商品として確立し、参加者層の拡大、特に教育旅行での活用を進めたいと考えているという。

ふゆみずたんぼ米の基準

渡り鳥と農業者の共生の場となっている水田であるが、ＴＰＰや生産調整の廃止など水田農業の行く末を左右する大きな農政転換期にあって、これらの要因に左右されない持続可能なシステムの確立に向けて、次の課題の解決が不可欠である。

まずは、「ふゆみずたんぼ米」という名称の活用方法に問題がある。水辺の生物と共生する有効な手法として「ふゆみずたんぼ」は全国各地に普及した。と同時に各地で多種多様な栽培基準に基づく「ふゆみずたんぼ米」が生まれている。これでは大崎市で取り組んでいる計画の趣旨やストーリーが正しく伝わらない。また取り組みを支える農業者の所得にも大きな影響を与えるものであり、早急な改善が必要である。

経済的側面の強化と担い手の育成

これまで、一ノ蔵により純米酒が製造・販売されてきたが、二〇一四年から製造量が倍増された。また、主食用米や酒の販売に加え、米を原料としたオーガニック加工食品、発酵をテーマにしたカフェなど、地元企業との農商工連携による商品開発や業態開発に着手している。また、海外にも販路を開拓すべく、世界最大のオーガニック食品見本市「ビオファ」には二〇一四年二月も出展した。

現在の伸萠《しんぽう》ふゆみずたんぼ生産組合一〇世帯のうち五世帯が六〇歳以上であり、うち後継者がいる農家は一軒のみである。後継者の確保・育成とともに、体制の強化が必要である。

また、雑草対策、栽培管理や生産物の品質・在庫管理等が個々の組合員に依存していることも、栽培・販売戦略策定上の課題となっており、要望に応じた迅速な対応を困難にしている。

現在、今後の一〇年を支える組織体制として法人化に向けた準備を進めている。栽培管理や生産物の管理体制が一元化されるのみならず、地域の担い手組織として後継者不足や担い手不足の改善、渡り鳥と共生する農業を志向する地域外新規就農者の受け皿作りにつなげる考えである。

私たちが伝えていきたいこと

蕪栗沼ふゆみずたんぼプロジェクト関連で制作した映像は六本あるが、その総集編（「エンディング」三分二六秒）のコピーは、

田んぼは呼吸し拍動している
水があるから　生命が生まれる
田んぼは　生きている
大地の上で　すべての生命は　つながっている

というものである。田んぼの水中の映像にはミジンコ、サヤミドロ、イトミミズのダンス。子供たちの笑い声。カエル、カマキリ、トンボ、ハクチョウ、そしてマガンが次々に

映し出される。こういう世界を私たちは次の世代に伝えていきたい。

持続可能（サステナブル）なコミュニティや社会とは、それを構成する人々が、それぞれの活動を通じ、直面している地域の課題に対し、環境・社会・経済面から取り組み改善し、新たな価値を創出することで豊かで幸せなコモンズ（共有地）を育み、それを次の世代に継承することであると考えている。多様な人たちの連携により、蕪栗沼・周辺水田をコモンズととらえ、環境・社会・経済という三つの側面からのアプローチを通し、ソーシャル・キャピタル（信頼関係）が育まれてきた。この信頼関係やコミュニティの一員であることで、人と人、人と大地、人と生きものや自然とのつながりを取り戻すことが可能となり、それがひいては安心や幸せ感につながるのではないかと考えている。

これからも、この取り組みを続け、人と自然が共鳴する暮らしやコミュニティ、命を大切にする価値観を東北から発信していきたい。

（大和田順子）

【参考文献】

荒尾稔（二〇一二）「冬期湛水（ふゆみずたんぼ）による人と水鳥との共生――蕪栗沼の奇跡」

『印旛沼流域水循環健全化調査研究報告書』一一三～一二〇頁。

岩渕成紀（二〇〇七）「ふゆみずたんぼを利用する環境と暮らしの再生プロジェクト」『日本水大賞報告書』四一～四八頁、日本河川協会。

大崎市（二〇一二）『おおさき緑の分権改革調査等業務　蕪栗沼ふゆみずたんぼプロジェクト』。

大和田順子（二〇一一）『アグリ・コミュニティビジネス――農山村力×交流力でつむぐ幸せな社会』学芸出版社。

大和田順子（二〇一二）「生物多様性を活用したサステナブル・コミュニティの形成――宮城県大崎市「蕪栗沼ふゆみずたんぼプロジェクト」を事例として」『第三五回計画行政学会大会予稿集』。

蕪栗沼ふゆみずたんぼプロジェクト http://kabukuri-tambo.jp（二〇一四年一〇月二〇日閲覧）。

呉地正行（二〇〇七）「水田の特性を活かした湿地環境と地域循環型社会の回復――宮城県・蕪栗沼周辺での水鳥と水田農業の共生をめざす取り組み」『地球環境』一二巻一号、四九～六四頁、社団法人国際環境研究協会。

宮城の伝統品種ササニシキと生物多様性を育む都市農村交流プロジェクト「職人技ササニシキを極める」。

ＮＰＯ法人田んぼ「ふゆみずたんぼの一〇年とこれから」。
ＮＰＯ法人田んぼ「生態系の回復力を活かした津波からの田んぼの復興」。

第3章　未来のために必要なこと

——伊賀ベジタブルファームの場合——

村山邦彦

村山邦彦
（むらやま　くにひこ）

1973年，神奈川県生まれ。
伊賀ベジタブルファーム株式会社代表取締役，株式会社へんこ代表取締役。

京都大学大学院エネルギー科学研究科修士修了。機械エンジニア，高校理科教員などを経て脱サラ。２年半の研修期間ののち2007年に三重県伊賀市で就農し，野菜の有機栽培に取り組む。2012年，伊賀ベジタブルファーム株式会社を設立。経営規模は約２ヘクタール（うち施設14アール）。伊賀有機農業推進協議会の事務局・副代表として運営に関わり，2013年秋に会員らが出資して設立した農産物販売などを行う株式会社へんこ代表取締役に就任。

1　私はこうして農業に関わるようになった

エネルギー資源問題への関心

私は忍者の里として有名な三重県伊賀市で、トマトや小松菜など十数種の野菜の有機栽培に取り組んでいる。本格的に農業に関わり始めて今年で一〇年目。本章では私が脱サラして農業を始めるまでの経緯について説明した後、農場を法人化して立ち上げた伊賀ベジタブルファームの農業経営の特徴、そして伊賀地域の農業者連携の取り組みなどについて紹介していく。

私が就職したのは一九九九年、二六歳のときだった。大学で物理学を学び、その後大学院に進学して熱力学のエントロピーという概念を用いて、地球温暖化やエネルギー資源の問題について研究していた。だが、研究者として大学に残るより、学んだことを世の中で実践して生きていく方が性に合うと感じ、当時「ゼロ・エミッション」（〇排出）という看板を掲げて環境問題に積極的に取り組んでいた会社に入社した。

ゴミ焼却炉の設計に携わりたいと考えていたが、配属されたのは燃料電池システムの開

図1　サラリーマン時代——燃料電池開発チームの同僚らと

発チーム。一般家庭で都市ガスや灯油などを燃料にして発電して電力を「自炊」し、電気にならなかったエネルギー（排熱）を給湯に使う、コージェネレーションと呼ばれる技術の応用だった。

当時はまだ開発も端緒期。経営陣から示される事業計画やマーケティング情報をもとに仕様を決め、機械、電気、化学、制御など各分野のエンジニアが知恵を出し合い、「無い」ものを「在る」ものにしていく。さまざまな角度から議論を重ね、実証試験を繰り返しながら製品を作り上げるプロセスを経験できたことは、ほかでは得難い貴重なものとなった。

この会社には四年足らずの間お世話に

なり、その間に基本的なビジネス作法から、「ものづくり」業務全体のフロー、社会がどうやって成り立っているかまで、本当にいろいろなことを学ばせてもらった。後に伊賀ベジタブルファームの組織を作るなかで、ここでの経験が下敷きとなった部分は大きい。

解消しない疑問

だが、当時の私は仕事に充実感は持ちつつも、一方で何となく居心地の悪さを感じ続けていた。自分は今のままでいいのか、この仕事は本当に皆を幸せにするものか、そんな自問を繰り返していた。エネルギー資源の先行きについて、世間では楽観的にとらえられていたが、私は学生時代からこの問題を考え続けるなかで、そこに深刻な不安要因があると感じていた。石油や天然ガスなど化石燃料の埋蔵量は限られており、長い期間でみればやがて枯渇するものだ。原子力発電にしてもウラン等の鉱物資源に依存している以上、本質的に持続可能なものではない。かといって太陽光や風力などの自然エネルギーで今の生活レベルを支えるには無理がある。

エネルギー資源の生産が頭打ちになればその価格は徐々に高騰する。原油（あるいは原発）に依存する産業構造はやがて転換を求められるだろう。燃料電池は新たなエネルギー源ではなく、あくまでエネルギーを効率よく使うための発電装置だ。私が取り組んでいた開発の仕事は、エネルギーの枯渇問題に関して「延命」策ではあっても、根本的な解答を与えるものではなかった。

しかし、当時の燃料電池業界では、自動車用エンジンの実証試験が競うように進められ、これがエネルギー問題の究極的な解決策だと言わんばかりに喧伝されていた。開発ラッシュに酔いしれる空気のなか、私は一人寒々しい気持ちを抑えきれなかったのである。経営者のヴィジョンや業界の言説を聞くなかで、ビジネス戦略としての是非はともかく、私が感じていた長期スパンの不安が共有されることはなかった。

百年も先のことを真面目に考える気持ちがわからないという人は多いだろう。「何があろうと皆で乗り越えて一緒に生きていけばいいじゃないか」と、先を見越してどっしり構えたリーダーがいれば、私もそんな心配は笑い飛ばすことができたと思う。どこかで誰かが状況を把握し、対応を考えてくれている、そういう世の中への信頼感を持ち続けることができればよかったのだ。だが、気づけばそれは自分の手からスルッと滑り落ちていた。目の前の組織や社会に甘えることはできない。といってたかだか入社数年の私には周囲を動かすだけの力量もない。私は置かれた状況のなかで、目前の開発の仕事に打ち込み続けるしかなかった。

脱サラして考えたこと

会社員四年目、一人黙々と取り組んでいた業務に区切りをつけると、最終的に会社を去ることにした。二〇〇三年のことだった。会社を辞めて丸一年、私は「自分探し」と称してあちこちを旅し、本を読みあさり、思索に耽る日々を過ごした。ちょうど三〇歳。整ったレールの上を歩いてきた自分が社会からドロップアウトしていく。先行きの見えない状況のなかでじりじりとした焦燥感を抱えながら、世の移ろいと自分のこころを見つめ続けた。そこでずっと考えていたテーマは「倫理」。自分が、そして世界の皆が、心から笑って生きていくにはどうしたらよいのだろう。そのための方法、生きるべき道を探していた。

一連の思考の発端は、エネルギー問題を突き詰めて考えたことにあった。現在の先進国の生活水準を持続させせうる新たなエネルギー源はない、それを前提とすればやがて私たちはエネルギーを使わない生活スタイルへと変化していかざるをえない。そうした場面で、人々が自ら欲望を律し、便利さや快適さを手放すことができるだろうか。

便利さ快適さは一種の麻薬であり、常習者にはそう簡単には捨てられない。だが、何かのきっかけで無くてはならないはずのものを失ってみると、実はそれほど大層なことではなかった、と感じられることがある。むしろ意外にすっきりして気持ちよくなることだってあるのだ。たとえば通勤を車から自転車に変える、とか、そういうことを一つずつ自発的にできればよいのではないか。

生活をシンプルなものに切り替える。執着しているものを手放せば心はぐっと軽くなる。惰性で続く日常の連鎖を断ち切って余計なものをそぎ落とすと、自分の「芯」のようなものが浮かび上がる。それは生まれてこのかた、家族や友人、社会、周囲の環境によって支えられ作られてきた、自分の存在の軌跡そのものだ。その「芯」のまわりを廻って日々の小さなことを積み重ね、与えられた道を歩きつくすこと。

大切なのは自分の存在を超えたシステム全体の動きに身を委ねる感覚をもてるかどうかだ。細胞が集まって一つの個体を構成するように。個人が集まって社会をなすように。生物が空気や水と相まって生態系や環境を形作るように。自分とそれを包括する「全体」が表裏一体、常に連動していると感じられるかどうか。

そこで考えたことは、後に私が有機農業という道を選ぶうえで重要な基盤となった。農業を自分が生き残るための手段と見るか、全体システムのなかで与えられた役割と見るか、どちらにバランスを置くかで経営方針は大きく変わる。ミクロ（個）レベルでは農薬や化成肥料を使う方が便利で効率的に違いないが、マクロ（システム全体）レベルでは環境負荷の増大や多様性喪失といった長期課題への取り組みが求められている。有機農業ははっきり後者に重心を置くアプローチだ。

だが当時、そんな傍から見たら、わけがわからないことを毎日考えているうちに、サラリーマン時代の貯えはみるみるなくなっていった。ちょうどそんな折、アルバイトをしていた高校から常勤講師の話を頂いたのだった。

高校教員の日々と就農へのヒント

その高校は生徒が自らテーマを決めて「探究」に取り組むカリキュラムで全国から注目を集めていた。内容や指導方法は生徒の希望に応じ、また教師のスキルに応じて「オーダーメイド」で作りあげる。通常の教諭だけではとても手が回らないため、私のような者にも声がかかったのである。

個性を伸ばし、リテラシー（読み書きそろばん）を磨いて、時代を生きぬく力をつける。高校生にハイレベルな成果を求めるのは難しかったが、この取り組みを通じて学ぶことへのモチベーションが高く保たれていたのは間違いなかった。私も大学や企業で得た知識を動員して、彼らが持ち込んでくる突拍子もないテーマと格闘し続けた。そのなかで得た経験やノウハウは、今の伊賀ベジタブルファームの研修生指導プログラムにも生かされている。しかしこの高校は同時に「超」がつく進学校でもあった。教育のあるべき姿を模索しながらも、府内全域から集まったエリートたちに受験のハードルを越えさせることが最重要という雰囲気があった。物理というとっつきにくい科目を猛スピードで生徒の頭に叩き込む日々のなか、私はエンジニア時代とよく似た疲労感を感じるようになっていた。

詰め込み教育もリテラシーを身につけるには大切な要素だと思う。ただ、これからの社会を担う若いエリートたちに私が一番伝えるべきことは何か。教員が丁寧に行き届いたサービス（授業）を提供するのは当然のことのようだが、痒いところに手が届くくらい面倒を見れば見るほど、生徒たちは「飼いならされていく」、そんな感触もあった。今の社会を維持するだけならそれでよい。でもこれからの時代を切り拓くにはもっと貪欲に生き抜く力が必要ではないか。だが、はたして今の自分にそんなことを伝えるだけの力があるだろうか。

散々逡巡した結果、何よりまず自分自身が道を切り拓くべきだ、ということに思い至った。私は「自立」しなければならない。同僚の一人に、かつて大学の有機農業研究会に所属し、自家菜園を手掛けて自給自足的な生活をしたことのある友人がいた。そんな彼からヒントをもらって、生活のもっとも基本的なこと、とりわけ「食」に焦点をしぼってみようと考えた。社会が提供してくれるありとあらゆるものに無自覚に甘え、依存し続けることを止め、自分の足でしっかり立てるようになりたい、そう願ったのだ。

それは、「農」の世界に入っていくことだった。自然のなかで身体をフルに使う農的な暮らしに身を置くことで、今までとまったく違ったリズムが作られるのではないか。そうして温故知新、田舎の人たちと関わることで、人と人との関係性や社会のあるべき姿についてもヒントをもらえるのではないか。現代の巨大な社会システムのなかで行き詰まり、窒息しかけた自分を鍛え直し、どんなときにも動ぜず泰然と歩いていける力を蓄えたい。そこから「何か」が始まっていけば……と。

学校を退職するにあたっては、同僚の教員たち、指導していた生徒にそんな思いを正直に伝えた。非難されることへの恐怖もあったが、こんな大人もいることをありのまま見せるのも教育だと思い直し、顔を上げて笑って去ることにした。生徒は思った以上に好意的に受け止めてくれたし、当時の校長はじめ同僚は、こんなつかみ所のない話を真面目に聞き、最後は背中を押してくれた。ありがたいことだった。

農の世界へ

こうして私の「農」の学びの日々が始まった。二〇〇五年一月からその年の秋頃まで、インターネットなどを通じて就農関係の情報を集め、就農準備校などで講座を受講したり、野菜やコメの栽培体験コースに通ったり、農家を訪ねて作業を手伝ったりしながら、農業を取り巻くさまざまなことについて理解を深めていった。

農作物を育てるための技術、早朝の畑のすがすがしさや日一杯身体を使って働いた後の充実感、さまざまなアウトドアのＤＩＹテクニック、自ら育てて収穫した農産物を頂くこと、数多くの人との出会い、まるで知らなかった世界との出会いはとても新鮮だった。

自給自足的な生活を念頭にこの世界に入ったので、私ははじめから有機農業とか自然農法といった方向に焦点を絞っていた。折しも「半農半Ｘ」という言葉が使われ始めた頃。動き出した頃は翻訳等のアルバイトをしながら、余分に作った農産物を販売する程度の「農的暮らし」をイメージしていた。

だが、現実には片手間でできる仕事など、そう簡単には望むべくもなかった。三〇歳そ

図２　はじめは「農的暮らし」をイメージしていた

こそこでの就農は、退職後に農業を楽しむのとはまったく状況が違う。家庭を持てばバリバリ働かないと食っていけない。自分がプロの生産者としてやっていくのか、別の方法で「外貨」を稼ぎながら農的な暮らしを追求するのか、どちらかを選ぶ決断を迫られる。

だが、実際に何軒かの農家を訪ねてその暮らしぶりに触れるにつれ、この世界で生計を立てていくことの大変さを痛感するようになっていく。考えてみればあたりまえの話だった。素人が突然、明日からパイロットや弁護士になると言えば、誰もが馬鹿らしい話と笑うだろう。農業だってプロの仕事なのだ。すでに成熟している産業に新規参入して生き残っていくには、ほかを蹴散らしてのし上がるくらい、よっぽど突き抜けるものがなければ駄目だ。

では、どこで、どうやってそんな技術を習得したらよいのだろう。実地に学ぶにはプロのもとで経験を積むしかない。今でこそさまざまな助成制度が整って研修中にも給料が出るのが普通になったが、当時はまだ無報酬、住み込みはあたりまえだった。丁稚奉公にも似たシステムは修行のようなもので、本人が精神的な強さを得るうえで一定の効果があるにしても、農家がタダの労働力を使って生活を成り立たせる構造には矛盾を感じざるをえなかった。

活動を始めて九カ月ほどたったとき、新規就農者らが数人で運営していた農園に参画させてもらうため、三重県の伊賀地域に移り住むことを決めた。私が志向していた「自給自足」「共同体」的な感覚を共有できそうだと感じたからだ。緩やかなつながりの輪に加わってじっくり腰を据えて農業を学んでいこうと思った。だが、私を受け入れてはくれたものの、その農園はまだ経営的に軌道に乗っておらず、とてもぶら下がれるような余裕はない状態だったのだ。ほどなく生活費などの面で行き詰まってしまう。

第一子が生まれることになったのは、ちょうどそんなタイミングだった。この時点で手持ち資金はほぼゼロ、いや、公的な「就農研修資金」の借り入れを考えればむしろマイナスだった。農業をやめるかどうか真剣に悩んだ末に、誰かに乗っかって楽をしようという考えはきっぱり捨て、想い描く形を自分で実現していくしかない、と独立を目指して走ることを決めた。それからというもの、昼は農業関連の事務の手伝いや農場実習を続けながら、夜は塾講師のアルバイトで日銭を稼ぎながら、何とか農業の知識をつけようと必死でもがき続けた。

師匠との出会い

そんなある日、土壌分析等を活用して有機でトマト等を栽培している名人を訪ねるチャンスがあった。そこで見た整然として草一つない圃場、立派な堆肥舎、何を聞いても滔々と淀みなく技術的な背景を説明してくれる姿勢に心底感動した。周囲からは相当儲かっているという評判を聞いていたが、それも圃場を見ればすぐに納得できた。それは仕事のクオリティのなせる業だ、これぞプロだ、と。すぐにアルバイトをしながら勉強させてもらえないか、とお願いしたところあっさりＯＫをもらえた。そうして農業をするなら技術をつけてしっかり稼げ、ただ働きは駄目だ、と諭されたのだった。

図３　師匠との出会い――研修中のひとコマ

　こうして出会った師匠のもとでの研修生活は本当に充実していた。学校や会社でもいろいろな人に物事を教わってきたが、ここではじめて本当に師と呼べる人に出会えたと感じた。次はこの品種を試そう、堆肥の成分を変えてみよう、など次々とアイディアが浮かび、すぐに実践していく。作業をすれば無駄のない動き、圧倒的な速さで素人には全然追いつけない。経営効率を追求し、ケチるところは徹底的にケチって投資すべきところにドンと投資する。「予断ない」とはこういうことだ。明けても暮れても農業のことを考えるその姿勢に引っ張られ、私も純粋に農業という仕事を楽しむことを覚えていった。

　研修中は毎日メモ帳を手放さずにメモを取り続けたが、最初のうちは難しくてなかなか話がつながらない。ノウハウがぎっしり詰まった独特な言い回しを理解しきれなかった。幾度か全国の生産者らが集まる「塾」が開講され、そこで繰り広げられるハイレベルな技術論議を目にして圧倒された。この世界、掘っても掘ってもまだ深い。いや、かっこいい、

表1　就農までに要した資金に関する参考資料（単位：万円）

研修時	生活資金（2005年１月～2007年８月　約２年半）	**800**
就農関係初期投資	トラクター	150
	ビニールハウス５アールおよび潅水設備	110
	冷蔵庫	50
	軽トラ	15
	管理機	15
	（資材）トマト用支柱，トンネル用アーチ支柱，防虫ネット，マルチ（黒，白黒），不織布，誘引紐，農ポリ，遮熱シート	30
	（農具）草刈機，鍬，鎌，収穫コンテナ，一輪車，水タンク，工具セット，棚，はかり，播種機，ジョロ，温床ヒーター・サーモ，スピードポッター	48
	（分析機器）土壌分析機，pHメーター，pFメーター，温度計，糖度計	12
	（肥料）かつお煮カス，オーガニック813，石灰，苦土２種，カリ，鉄，微量要素（FTE）	10
	初期投資計	**440**
就農４カ月	生活費	75
	運転資金	45
	就農４カ月迄計	**120**
総　計（3年間）		**1360**

資金の出所

本　人（研修中）	2005年１月時点での貯蓄	140
	塾／認証事務などアルバイト収入・失業保険ほか（05/1～07/8）	330
	研修給料（06/7～07/8）	110
両親ほか	結婚・出産祝い金等の支援	150
公的資金	就農研修資金（借入）	180
	就農設備等資金（借入）	440
就農後４カ月収入	アルバイト等	25
	売上収入	12
総　計（３年間）		**1387**

プロってすごい。いくつもの掛け持ちアルバイトの隙間を縫うように、書籍などを読みあさって知識を整理していった。

そうして師匠のアドバイスに従いながら、独立への道が次第に描かれていく。出荷グループの仲間の紹介で農地を借りることができた。販路についても契約販売の枠を分けてもらい、就農を前提に作付けを割り振ってもらえた。徐々に定まっていく諸条件をもとに、五カ年事業計画を詳細に練り込む。手持ちの資金は厳しい状態が続いたが、トラクターからビニールハウス(材料のみ)、鍬や鎌に至るまで、就農設備等資金と呼ばれる公的資金の借り入れ(総額四四〇万円)でまかない、必要最小限のものをそろえる目処が立った(表1)。

最終的に師匠のもとでの一年三カ月の研修期間を終えて独立を果たしたとき、やるべきことをきちんとやれれば食っていけるはず、と思えるところまでお膳立ては整った。実際、就農して一カ月後から売り上げも立ち、最初の数カ月を乗り越えた段階で厳しいながらも何とか農業だけで生計が立てられるようになったのである。

自立とは孤立ではない。自らの足で立つために全力を尽くすうちに、ふと気づけば周囲から手が差し伸べられ、想いが全方位へとつながっていく。自分の生存と安全を守るための「自給自足」ではなく、雨風に打たれながらも頭を上げて立って歩くバランス感覚。私にとって、それが自立の意味であった。

2　伊賀ベジタブルファームの取り組み

伊賀ベジタブルファーム株式会社（以下、伊賀ベジと略す）では夏季はトマトを中心とした果菜類、冬はダイコンやキャベツ・ブロッコリーなど露地ものを主力にしつつ、小松菜やホウレンソウなどの葉物類を周年切らさない作付け体系をとっている（表2）。扱い品目は現在二〇種類程度で、どの季節も三品目以上出荷できるようにしている。栽培面積は露地を中心に約二ヘクタール（うち施設一四アール）。栽培方法はすべて化学合成農薬や化成肥料を用いない、いわゆる有機栽培である。

創業以来、こだわり野菜の宅配業者との契約栽培を中心としてきたが、最近は伊賀地域周辺のほか、京都や奈良などの中小規模の卸売業者、小売店への直接販売も増えてきた。畑までわざわざ取りに来てくれる業者も何軒かある。市場への流通はほとんど行っていない。消費者への直接販売は今後展開していく予定はあるが、現時点では農産物売上約二〇〇〇万円の大半がＢ to Ｂ（業者間）取引だ。

表2　伊賀ベジタブルファームの作付け体系

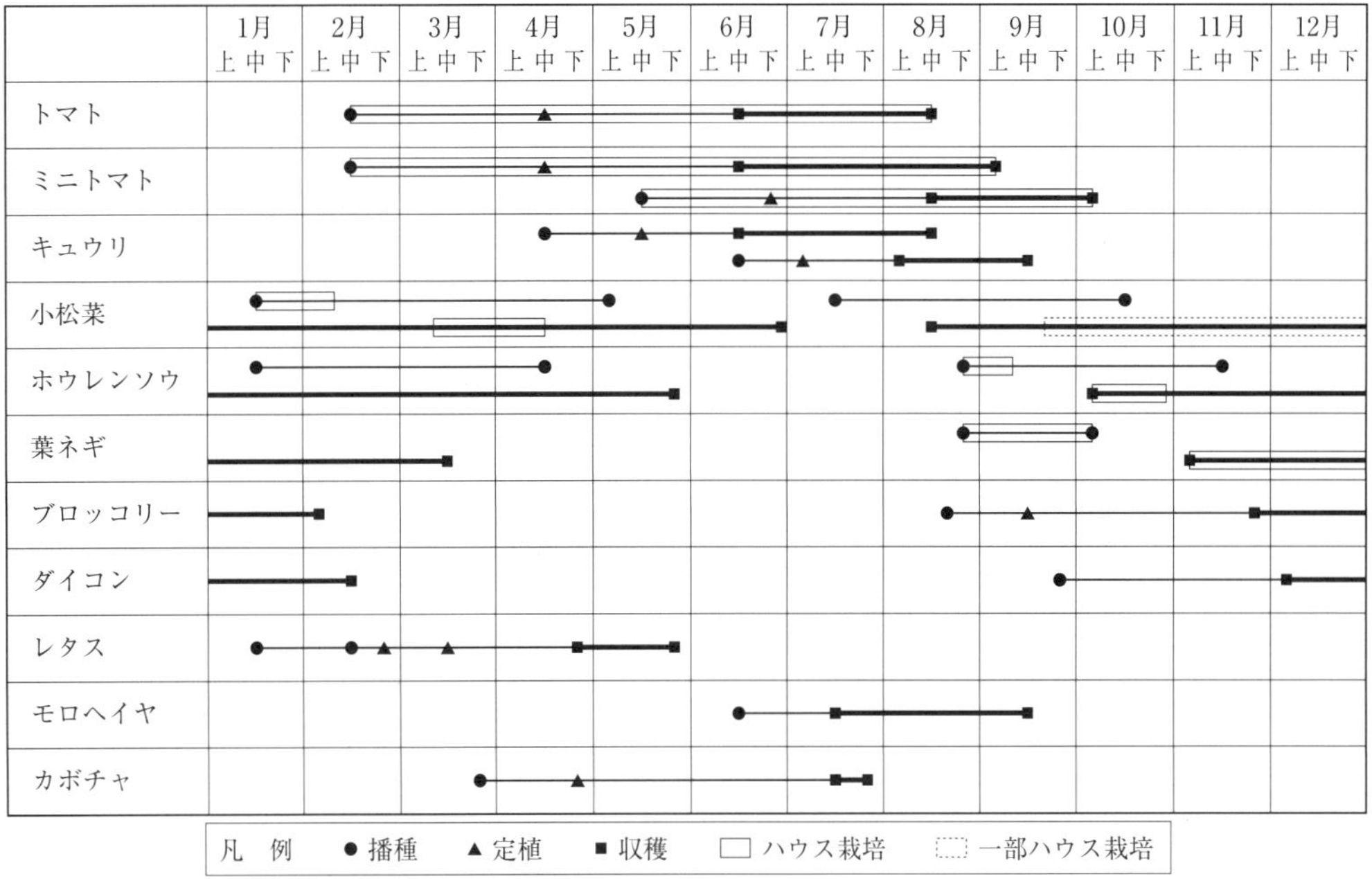

表3　筆者の就農以降の売上推移

年	農産物売上	その他事業収入	助成金等	収入総額	従業員数4月時点	主な出来事など
2007	**762**			**762**	0	9月に就農，本人＋妻，10月中旬より販売開始
2008	**6372**		400	**6772**	1	4月から研修生（友人）受入
2009	**7729**		873	**8602**	1	研修生（正規スタッフ待遇）採用
2010	**8411**		4081	**12492**	2	2名体制，「農の雇用事業」利用，トラクタ助成金（190万円） 伊賀有機農業推進協議会発足
2011	**11900**	541	3761	**16202**	3	緊急雇用創出事業（被災者受入），インターン制度利用
2012	**12651**	1023	2990	**16664**	3	幹部候補社員（農場主任）採用，事務所設置， 伊賀有機農業推進協議会事務局設置
2013	**19155**	1968	7141	**28264**	6	採用強化，組織的運営体制への移行，農産物販売・農業者支援組織株式会社へんこ設立

就農した当初は資金的にまったく後がない状況だったこともあって、師匠の作型や栽培方針をできるだけ忠実に模倣することに専念した。その後、土質や傾斜といった土地条件の違い、家族やスタッフ構成の変化、新たな販売先の開拓などさまざまな条件と向き合い、模索を重ねるなかで徐々に自分なりのスタイルができていった。ここでは、そんな村山農場から伊賀ベジに至る特徴や取り組みについて、トピックをあげながら紹介してみる（就農からの経営的な変遷は表3）。

伊賀ベジのミッションは「いい仕事」

伊賀ベジの特徴は、まず、不相応なくらい大風呂敷を広げたミッション意識だろう（表4）。今の時代、ともすれば置き去りにされがちな「文化」や「倫理」といった「キレイごと」を、建前でなく実践し続けるのは容易ではない。スローガンを掲げるだけでなく、仕事のさまざまな場面、たとえば品質基準、価格設定、使用資材の選択や農薬使用の是非、採用や雇用条件などを通じて、一貫して判断基準が貫かれているかどうか、そこが大事だ。

時代を超え、国境を越えて評価される「いい仕事」というものがある。それは職人気質とか、仕事に関する高い倫理性によって支えられるものだ。専門的な視点から相手が必要

表4　伊賀ベジタブルファーム株式会社の会社概要と理念

・会社概要		・理念／ミッション
会社名	伊賀ベジタブルファーム株式会社	◎自分たちの受け継いだ文化や知恵を守り育て，本当に価値あるものを次の時代に引き継ぐ
所在地	三重県伊賀市古山界外271番地1	◎50年100年先を見据えて，よりよい社会のあり方を考え，その実現を目指して一歩一歩，歩む
代表者	代表取締役　村山邦彦	◎生態系や環境に配慮し，資源・エネルギーに過度に依存しない，農業や生活の持続可能な形を提案する
設　立	2012年5月14日	◎誰にも認められる「いい仕事」をする「ものづくり」の原点に立ち続ける
資本金	760万円	
農産物売上	1,949千円（2期／2013-14決算）	
総売上	2,610千円（その他事業／公共委託事業等含む）	
従業員	8名（パート3名／うち女性5名／2014年8月現在）	

としているものを見通して、ニーズに寄り添うサービスを提供する。また、商売を安定して長く続けるためには、ただ売れればよいのではなく、仕事に関わる過程のなかで社会や経済、周囲の環境に対して与える諸々の影響を意識し続けなくてはならない。

伊賀ベジが常にそうした「いい仕事」を提供できているか、といえば正直まだまだもの足りない。だが、専門家として技量を磨き、より良いものを追求し続けるチームを目指し続けているのは確かだ。「いい仕事」を実現するには、いつでも何にでも即応する緊張感と、広い視野を保つ心のゆとり、その両方が必要だ。スタッフ一人一人が良いコンディションを保ち、組織がうまくまわっていくためには日常業務にどんな仕掛けを作ればよいか、模索の日々が続く。

単に儲けるために仕事をするのではない。だが、いい仕事は残っていくべきだし、そのためにも再生産可能な利益を生み出す必要がある。仕事は結果を出してなんぼだ。農業で安定して収益を上げるのは簡単ではない。だからこそ、「いい仕事」を続けられるような仕組みそのものを創り続けるというのが伊賀ベジの考え方の基本にある。

できあがったシステムの枠組みのなかに留まっていては、先の見通しは開けてこない。とりわけ農業には過去の歴史と既存の制度にがんじがらめに縛られている部分が多い。先輩方から学ぶべきことは学びつつ、次の時代を見越して業界全体を変えていく動きが必要になるだろう。文句や愚痴ではなく、具体的で実効性のあるプランを提示し実践し続ける。未来のカタチを作っていくのはほかならぬ私たちの責任だ。

農業という仕事

農業は生産そのものが日照時間や気温・雨量などの天候に大きく左右され、また生き物を扱うこと特有の難しさがある。露地栽培なら雨や風雪、鳥獣による被害にあうことも日常茶飯事、思い通りにはならないのがあたりまえの世界だ。とりわけ有機農業というスタイルを選ぶと、化成肥料や農薬を使わないことでリスク幅は大幅に上積みされる。

それでも農産物を販売する以上、必ず求められるのは生産の安定性だ。どんなに品質の良いものでも、それを安定して届けられなければお客さんはそっぽを向く。雨が降ろうと、虫が大量発生しようと、それはあくまでこっちの事情である。植物生理をはじめとした自然現象の理解に努め、さまざまな変動要因を見通してコントロールすることで、安定して生産物を提供する、それが農業という仕事の本質である。

優れた農業者になるには、潜在的なリスクにできるだけ早く気づき、予防策や事後の対応策をあらかじめ準備し、得られた経験や知識を確実に記憶・記録して次の改善につなげる、そうした一連の習慣を身につける必要がある。「やってみなくちゃわからない」は禁句、頭をフル回転して思案を尽くした後の最後のせりふだ。どんなリスクも「織り込み済み」にして、何事もなかったかのようにこなしていくのが本物の技術である。

基本的な例として雑草の管理が挙げられる。農作業をしたことがある方ならおわかりだろうが、雑草の茂るスピードはすごい。夏草など油断して放っておくとあっという間に手に負えなくなる。たとえば人参の種まきをして、発芽した芽が雑草に完全に覆われてしまってから動き出すようではプロの農業者としては落第だ。「上農は草を見ずして草を取る」という言葉のように、達人は雑草の芽がほんの少し出たころでサッと効率よく除草する。それを何年も繰り返すうちに雑草の種がない畑になり、何をするにも作業効率がよく、常に先手を打てる、そういう良いループに入っていく。素人が見て草の生えていない畑だなと思うところには、足掛け何十年の歴史が折りたたまれているのだ。

新入りはさまざまなリスクに気づくことができない。さまざまな失敗を繰り返して次こそは改善、と思いながら、日々の仕事に追われるなか、「明日への布石」はついつい後手に回ってしまう。

雨が降ればどうなるのか、肥料の見立てが甘かったら、苗の温度が上がりすぎたら……、というような数限りないリスクを頭に叩き込み、それを乗り越えるノウハウを蓄積して一人前の農業者として動けるようになるには、少なくとも二〜三年はかかる。その道何十年、長きにわたって生き残ってきた先輩たちのノウハウはけっして侮れない。どこにどんな知恵が隠れているかわからない。若手は暇さえあればベテラン農家を訪ねて畑や作業場を覗き、農業談義をしながらノウハウを盗んでいくものだ。

だが、いざ農産物を販売する段階では、新入りも歴戦のベテランたちと同じ土俵で勝負しなければならない。細かな工夫や身体の動かし方の差で、同じものを作るにも効率はまったく違う。それは当然、正味利益の違いに現れる。後発組は設備投資の負担も大きく、畑も条件が悪いことが多いので、そこには想像以上の埋めがたい差がある。新規就農して売り上げを大きく伸ばしているという話を耳にしても、その多くが農家の子弟だったりするのも無理はない。

伊賀ベジのように後発で、都会から移ってきた若い人間ばかりで構成されたチームはハンデだらけ。インターネット等を駆使して世の新しい技術をどんどん取り込み、就農以前に培った人脈を通じて独自の販路を開拓するなど、周りとは違った動きをしなければ生き残れない。ぶら下がろうという意識で入ってくるスタッフを抱える余裕はない。何よりも「いい」仕事をしたいという想いを共有できるかどうか。一人一人が独立就農するのと同じくらいの緊張感を保ち、潜在するリスクを敏感に肌で感じとって主体的に動くことができなければ、利益を上げるなどとても覚束ない。

有機農業のリスク管理

有機農業は通常の栽培にくらべ、圧倒的にリスクの高い生産方法だ。そのリスクをどこまで「織り込み済」にできるかが、ビジネスとしての成否を握る。その対応としては、

① 安定して収穫できないことを前提にした販売方式をとる。
② 栽培技術によりリスクそのものを減らす。

という両方向のアプローチがある。

業界では数年前までどちらかといえば①が主流であった。定期購入の契約者に季節の農産物盛り合せ「セット」を販売するビジネスモデルである。個人の産直から大手の流通業者まで、有機農産物の販売といえばこれだった。お届け内容はその時々に手に入るもので決まる、という大らかなスタイルだ。

この仕組みは、有機農業が単なる「もの」の売り買いではなく、生産者と消費者との間で顔の見える関係を作り、将来の社会や環境のことを考えて連携するという「運動」の要素を持つからこそ続いてきたものだ。それは、生産者、流通業者そして消費者が相互の信頼と善意によって、相応のリスクを分かち合いましょう、という考え方だった。

伊賀ベジも五〜六軒の農業者からなる出荷グループを通じて流通業者と栽培契約を結び、セットに入れる野菜数品目を出荷するかたちが中心だ。多少生産が不安定なときがあっても取引先やグループの仲間にカバーしてもらうことで何とかやってこれた。

しかし、ここ何年かの間に業界の情勢は大きく様変わりしつつある。購入する層の意識から「運動」の要素が薄まり、ブランド・高付加価値商品としての有機農産物というとらえ方が一般化してきたのである。業界大手の意識も、生産者と消費者をつなぐこと自体を目的にするより、販売戦略としての消費者ニーズ、マーケティング戦略を第一に優先する方向へと変わってきている。農産物セットという、消費者側にとっては融通の利かない販売形態ではなく、インターネット上で欲しいものだけを単品で購入するスタイルが一般化してきたのである。

その背景には、生産者の努力で、②の生産技術が向上して生産上のリスクが低減され、有機農産物も安定供給が可能になってきたことがある。土壌分析の普及、太陽熱消毒、微生物利用技術の進展など、最近のさまざまな技術革新は有機農業の世界を変えてきた。異業種から新規参入した多くの熱心な若い生産者らも変革の原動力となっている。これまでのような零細農家ではなく、施設で葉物等の有機栽培を大規模に行う経営体も増えてきた。

そうした世の流れのなか、伊賀ベジはどこへ向かい、どう生き残っていくのか、戦略のさらなる明確化が求められている。

ＰＤＣＡサイクル

伊賀ベジでは何事につけてもＰＤＣＡサイクルを重視している。ＰＤＣＡとはＰＬＡＮ（計画）－ＤＯ（実行）－ＣＨＥＣＫ（評価）－ＡＣＴＩＯＮ（改善）を指し、ともすればいつもどおり、言われたとおり、何となく漫然とやってしまう仕事を、可能なかぎり意識化し、改善し続けるプロセスのことだ。

農業は身体を動かすことが多いので、ひと仕事終えると満足感を得やすい。そんなスポーツのような要素は確かに農業の魅力ではあるが、「いい仕事」をするには絶えず改善を目指す「クセ」をつけないといけない。目の前の作業に集中しつつもそこに没頭しきることなく、客観的に全体を見回す意識を保つことが大切だ。

その作業は何のためか、目的意識をはっきりさせ、それに適った動きをしているかチェックする。作業が終わればそれが前回と比べてどうだったのか、あるいは周囲の人と比べてどうかを評価し、気づいた反省点を記録して次回の課題をはっきりさせる。このサイクルをどのくらい回せるかが、仕事における成長のすべてを決めるといってもいい。がんばろうという気持ちより、要は習慣形成ができるかどうかだ。農業は繰り返し作業が非常に多い。だからこそ、毎回の作業での気づきや発見、それを忘れずに次に生かせるかどうかが大きな差を生む。

課題意識をもっていると、作業に入る前のイメージトレーニングの大切さが見えてくる。よく言われることだが、どんな仕事も段取り八分だ。想定されるリスクを数え上げて織り込み済みにしておけば、何かあっても容易に軌道修正できる。熟練者はその仕事が上手くいくかどうか、計画段階でおおむねわかっているものだ。ギャンブルするとしても、外れたらどう対処するかを意識したうえで意図的にギャンブルしている。そしてもし予想外の失敗（＝新たな発見）があれば、それを記憶・記録して次の動きに生かすことができる。

図４　野菜の生育状況をスタッフ皆で確認・共有

ＰＤＣＡは安定して成長ループを継続するためのチェック機能だ。伊賀ベジのような若い組織では、個々のメンバーの成長をいかに補い合い、伸ばし合えるかが存亡の鍵を握る。一＋一が二になるだけでは組織としてのメリットはない。三や四になる、つまりシナジー効果を生むためには、個々のＰＤＣＡプロセスを共有化することが重要だと考えている。

伊賀ベジの組織運営

組織としてPDCAを実践するために、伊賀ベジでは朝礼・終礼、週打ち合わせ、月毎の生産工程会議、半期に一度程度の経営戦略会議というように、会議をチェック地点とする幾重かのサイクルを設けている。大きなサイクルから小さなサイクルまで、漠然と動き出さず、ちゃんと計画を立て、事後の振り返りを行っていくための仕掛けだ。会議は重要な業務の一環として位置づけられており、出勤スタッフは全員参加するのが原則だ。

とりわけ早い段階から重視してきたのは「生産工程会議」だ。半年程度の基礎トレーニングを終えた段階で、独立を目指す研修生や圃場管理を任せるスタッフには担当作物を割り振り、出荷目標数量と使用圃場の面積や土壌分析結果、資材の在庫情報などの条件を与える。それをもとに今後数カ月にわたっての作業工程とスケジュール、圃場の畝レイアウトと施肥設計、種や肥料や被覆資材などの必要資材のリストアップと調達計画、栽培上の留意事項や前回から改善すべき点などを網羅した「生産計画書」を作成してもらう。その計画書をスタッフ全員で読み合わせ、さまざまな角度から議論をつくしてブラッシュアップしていく。

そして、計画に基づいて栽培を進めるなかで、進捗管理状況の報告・チェックを適宜行いながら、出荷が完了すれば「生産報告書」をまとめてもらう。そこでは実際に行った作業の記録、すべての売り上げと使用した資材や作業時間を集計して算出した収支報告や、栽培の観点で良かった点・悪かった点に関する報告・引継ぎ事項などが含まれる。この報告書をもとに、次の担当者はまた、新しい生産計画書を作っていくのである。計画書〜報告書のフォーマットが何代かの研修生・スタッフの手に渡っていくうち、そのレベルは着実に上がっていく。経験の浅いスタッフに任せるとしても仕事は仕事である。「教育のため」として手を抜ける仕事はない。栽培や施肥に関する技術には難しいことも多いが、課題解決の道筋が見えてくるまでは時間が許す限りスタッフと一緒に考え続けるようにしている。

人材の採用と育成について

伊賀ベジがもっとも重視していることの一つは人を育てることだ。就農して以来、六年半のあいだに受け入れた長期研修生の数は一四人（半年以上雇用）。うち少なくとも一〇人は何らかの形で農業に継続して従事している（うち自社残留四名）。このほか短期・不

図５　多様な背景をもった仲間たちが集まった

定期・体験で来る人もふくめると相当の数にのぼり、絶えず人が出入りしている農場と言っていい。

最初のうちは自社に雇用を続けるだけの経営体力がなかったし、スタート時点から「自立」というテーマを強く意識していたこともあって、独立経営を目指す人に限って研修を受け入れていた。二〇一二年に法人化してからは基幹スタッフを育成するため、少しずつ採用の形を変えてきてはいるが、今も「会社に入りたい」という意識が先に立つ人は基本的に採用しない方針だ。自分なりの目的意識をしっかり持ちつつ、伊賀ベジのスタッフたちが形作る「文化」を感じとり、そこに魅力を感じて引き寄せられてくる人と一緒に仕事をしたい。スタッフは最終的に独立しようがここに残ろうが、自立して本当に「いい仕事」をする人になってくれればいい。どこに居ようとそういう仲間が一人でも増えることが後にプラスに働くと考えているのだ。

そんな背景もあって、伊賀ベジでは研修生と社員という区別は設けていない。また、現状ではパートもおらず、スタッフは全員正社員だ。自分が農業の世界に入ったころ、ただ働きを前提とした構造に強い抵抗感を感じたこともあり、賃金などの待遇面は少し背伸びをしてでも整えたい。職能別に定めた賃金体系をあらかじめ提示し、残業代もタイムカードどおりきっちり支払う。

伊賀ベジでは雇用に際して、ほとんどの場合は助成金（農の雇用事業、緊急雇用創出事業等）を利用している。現在の待遇はそうした助成金を土台にしているから維持できるのであって、私のような新規就農者が農産物の収益だけで賄うには厳しい。世の流れとは逆行するかもしれないが、私はやはり、人への投資は機械設備への投資以上に必要なものだと思う。それにまた、公の資金（国の税金）を受ける以上、それを自分の懐に入れてしまうのではなく、人を確実に育てるための原資とするのが正当な使い方だという思いもある。

持ち出しが続く期間も長かったが、ようやく最近になってそんな「人への投資」が実りつつある。伊賀ベジという組織が、私の指示なしでも動ける、自立した組織として機能し始めている。もう少しがんばって転がし続ければ、会社は単なる箱・入れ物ではなく、自立した個が有機的につながった一つの「生命体」に近づいていくだろう。

事業は人を幸せにすることを目的とした活動だ。お客さんを喜ばすことに留まらず、サービスを提供するスタッフ自身も、さらには社会全体、子孫や周囲環境に至るまで、事業に関係するすべての生命が幸せになるかたちを求めることが理想的だ。

植物を育てることと人を育てること、生き物が自ら育とうとする過程に寄り添うという意味で、そこに共通する部分はとても多い。種をまかない限り芽は出ない。日の光を浴び、水と栄養を吸い上げなければ命は伸びていかない。辛抱強く成長を見守り、生きる意志を支え、強める。観察を続け、良い性質を伸ばし、選択的にえこひいきをする。

生命を「手段」として用いないようにすること。生命はそれ自体が一つの「目的」である。農業という生命を直接に扱う産業だからこそ、その倫理が決定的に重要だと私は思う。

3　有機農業の技術について思うこと

植物の栽培技術の基本

植物の身体を作る有機物は、もとをたどれば光合成産物である糖から合成されたものだ。つまり、収量を上げることは光合成をできるだけ効率よく行わせ、得られた糖を無駄なく、バランスよく身体に変えさせること。植物の機構（植物生理）を理解し、そこに影響を与える要因をさまざまなかたちで制御するのが栽培技術だと言える。

なかでも重要な技術の一つは、植物が根から吸い上げる養分（肥料）を光合成の進行に合わせて補充する「施肥」技術である。植物が養分をどのくらい必要とするかを知るには、植物の組織を構成する有機物を大きく次の二種類に分けて考えるとわかりやすい。

①　炭水化物／繊維、ＣＨＯ

幾千・幾万の糖が結合してできるのが炭水化物だ。なかでもセルロース（繊維）は植物の身体を支える細胞壁の主要素材で、いわば骨格の役割をはたしている。

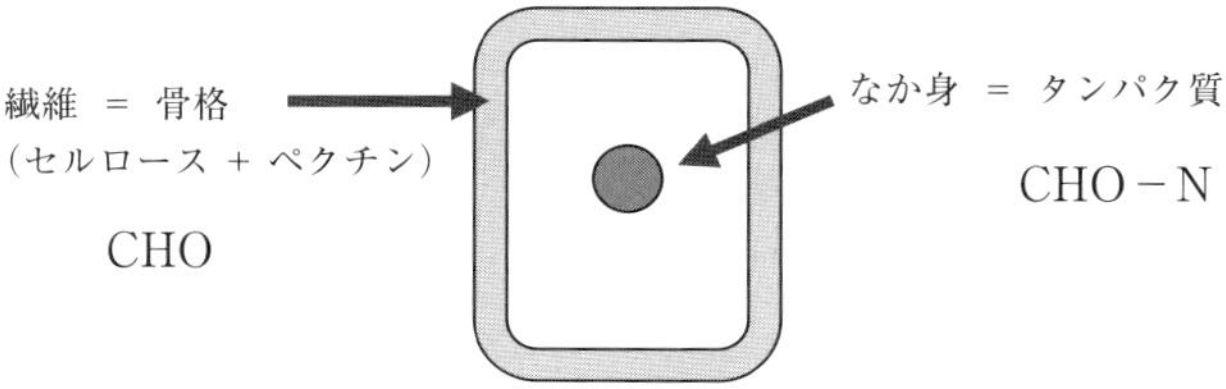

図６　植物体の繊維（骨格）とタンパク質（なか身）

②　タンパク質、ＣＨＯ－Ｎ

細胞の「なか身」は主としてタンパク質でできている。タンパク質は窒素（Ｎ）を含む有機物であり、光合成で作られる糖と肥料として吸収する窒素が主な原材料だ。

農家が「肥料をやる」という場合、通常、窒素を与えることを指す。細胞の主成分「なか身」はタンパク質なので、肥料をやれば植物の生育が促進される。しかし、天候不順等であまり光合成ができない場合、吸収した窒素に見合うだけの炭水化物を確保できない。そのため「骨格」を作るセルロースの合成が後手にまわり、骨材が少ない手抜き工事になってしまう。そうして軟弱化した植物は虫や病気に対して無防備になりやすい。

農産物の品質を保つためには、植物を健康に育てる必要がある。それは、栽培時に植物の生育ステージに応じて光合成と肥料（とりわけ窒素）のバランスをどれだけ制御できているかに

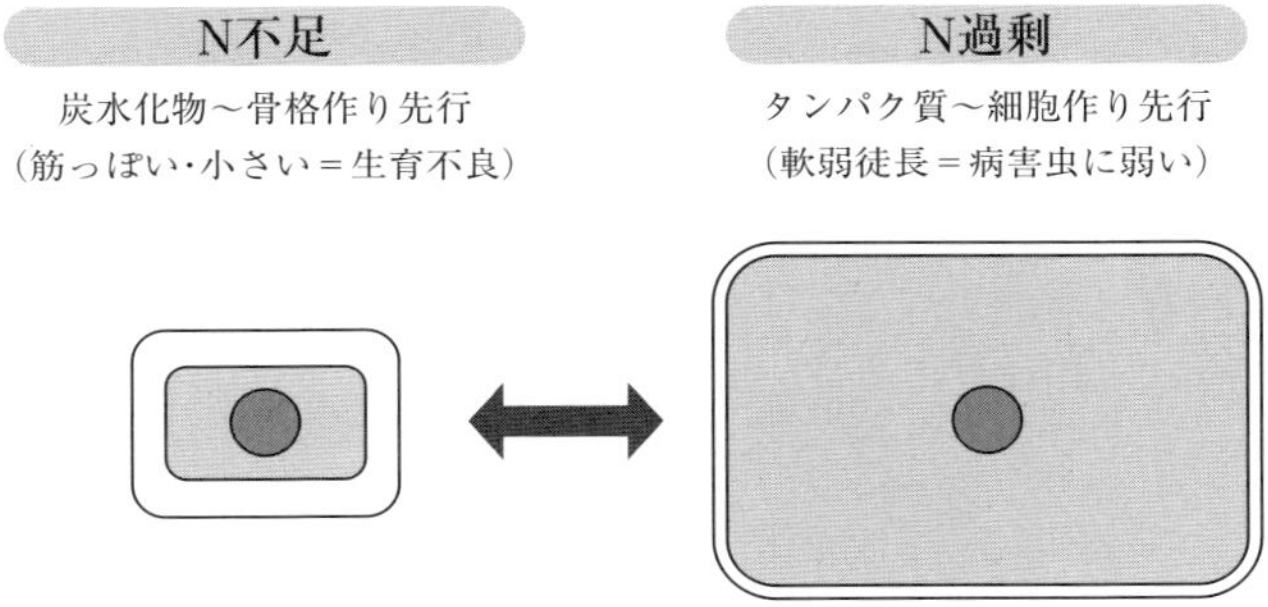

図７　植物体におけるＮ不足と過剰

懸かっているといえる。

肥料が効きすぎた場合、炭水化物が不足がちなので、糖やビタミンなどが十分作られず、とろけやすく日持ちしない、不味いものになりやすい。逆に肥料が効かなかった場合は、筋っぽくて硬く、小ぶりで瑞々しさに欠けたものになる。

農産物の品質を左右するのは、化成肥料か有機肥料かというより、それを作る農業者の技術レベルの影響がずっと大きい。それでも、あえて個人的な印象を言えば、有機栽培の場合にはおいしいものに出会う確率が高い気がする。農薬を使えない状況では肥料バランスを保つことが決定的に重要になるため、植物に応じた最適施肥を心がける生産者が多いからではないだろうか。

化成肥料を使わない理由

有機農業では化成肥料を用いないが、その背景まできちんと把握している人は意外と少ない。ここで整理しておくこともあながち無駄ではなかろう。

植物の生育に不可欠だが土壌に不足しがちな元素の上位三つが窒素（N）、リン酸（P）、カリ（K）であり「三要素」と呼ばれる。化成肥料はこれらの元素を必要な量だけ含むよう、工業的に製造されたものである。即効性で使い勝手に優れているため、世界の食料生産は化成肥料に強く依存している。地球の窒素循環のなかで土壌に入る窒素の約半分は合成由来の窒素といわれている。公の農業関係機関も、地域別、作物別に化成肥料の使用を前提とした指導体系を整えている。

だが、化成肥料の窒素分を得るため、空気中の窒素ガスから合成する際には天然ガス等の資源を消費しており、世界のエネルギー消費の二パーセント程度が用いられている。化成肥料の使用を減らすことは、資源の消費を低減することにつながるのだ。ほかの二要素（P、K）も採掘された鉱石から作られていて、限りある資源という意味で同様のことが言える。ここ最近は鉱石の供給が逼迫して価格高騰が進んでいる。切迫度はかなり高いといえるだろう。

化成肥料の使用を制限するもう一つの理由は、そこに含まれる窒素が水に溶けやすい形状であるため、圃場から流亡しやすいことである。農地から流亡した窒素分はやがて河川や海洋に流れ込み、水質汚染の要因となる。深刻な例として、米国のミシシッピ川河口域での広範囲なヘドロの発生（デッド・ゾーンと呼ばれる）が挙げられる。ヨーロッパでは河川汚染が確認されたため、一九九〇年代から土壌への窒素投入について厳しい制約を設けるようになった。我が国では農業由来の環境汚染が表立って問題視されることはあまりないが、今後も注意をしておきたいテーマではある。

注意すべきは、有機肥料や堆肥でも過剰投入すれば同様に環境汚染が起こることで、化成肥料を使うかどうかではなく、植物生理や環境負荷に見合った適正な施肥が行われているか、それが本質的な課題である。

資源循環の取り組みと化成肥料

有機農業者が化成肥料を使わない背景には「経済的な」事情もある。肉や卵、牛乳など、日本人の豊かな食生活の裏で、家畜の糞尿や、売れ残り・食べ残しなどの食品残渣が大量に排出されている。その多くは焼却・埋め立て処理されるが、一部は堆肥化されて耕種農業者に提供される。ただし、とにかく量が多いので、農作物の栽培に必要な量を大きく上回ることは日常茶飯事だ。当然、価格も安い。高いお金を出して化成肥料を買うより、こうした堆肥を利用するほうが経済的と考える農業者は多い。

単純にNPKの量で考えれば、今の日本には肥料成分があふれているのだ。それを有効活用せずに、わざわざエネルギー資源を消費して作った化成肥料を用いるのは、社会全体として効率がよい選択とは言えない。資源を再利用する循環の仕組みを作るために、食品廃棄物を農地に還元することは歓迎すべきである。

だが、行き過ぎたケースが多いことには十分な注意が必要である。なかには廃棄物処理業者が農業生産法人を立ち上げ、有機農業者が通常使う量の数十倍におよぶ大量の「堆肥」を圃場に投入し、実際にはほとんど栽培を行わないケースも見られる。

廃棄物の処理料は年々上がる一方だ。農地への廃棄物投入を主業とすれば、細々と野菜を作って販売するよりずっと儲かる。農業振興がうまくいっていない地域では、農地は着々と産廃処分場に変わっている。国は廃棄物の堆肥化を推進しながら、土壌への投入に関して実効性のある規制を行っていないため、事実上こうした農地への投棄システムを黙認・推奨していると言える。

そんな情勢を見るにつけ、循環資源の利用、化成肥料の使用制限については、もはや有機農業などという枠を超え、社会全体の課題として考えるべき重要なテーマではないかと私は思っている。

有機物の肥効をコントロールするために

化成肥料を使わない場合、有機物つまり生物由来のさまざまな資材を活用することになる。いくつかの課題があるが、なかでももっとも重要で、技術的に難しいのが適正施用量の決定だ。生物由来の窒素（タンパク質）は、土壌に投入され微生物による分解過程を経てから植物に吸収される。その分解速度は温度や水分、微生物の量などによって大きく変わる。

施肥が過剰になると、生育は旺盛だが病害虫が出やすい状態になる。有機農業者は農薬を使用しないか、マイルドな微生物資材などに限定しているので、抵抗手段が限られており被害が広がれば生産物を廃棄せざるをえない。それに加え、過剰施肥を行えば多くの窒素を下流域に流亡させてしまうことにもなる。反対に雨が大量に降ったり、秋冬の冷え込みが早く来た場合、土中の肥料成分が流亡したり分解が進まなくなって作物が大きくなら

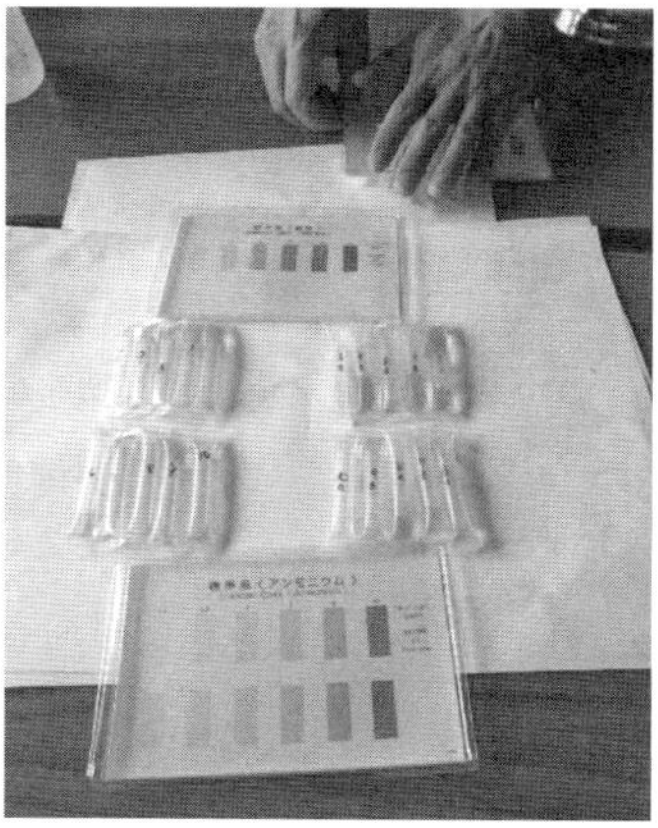

図８　有機態窒素の簡易測定の様子

ず収穫できない。有機肥料は遅効性のものが多いから、まずいと思ってから追肥をしても効果が薄いのだ。

実際のところ、化成肥料を使わないことは技術的に相当大きなハンディキャップである。そうした厳しい条件のもとでも肥料成分の読みを正確に行い、安定して慣行栽培並みに収量を上げる有機農家が周りにいれば、その技術は高く、「篤農家」と言っていいだろう。しかし、一部の篤農家に頼る形では有機農業のシェアは今後も伸びない。土壌や肥料に含まれる有機態窒素の実効成分を測定し、最適施用量を決めるシステムが強く求められている。

伊賀有機農業推進協議会ではこのシステムの実践・普及へ向けた取り組みに力を入れてきた。四年にわたる実証試験を続けるうちに、実用性にもそれなりの目途がついてきており、今後は普及段階に移行する予定である。これは化成肥料を自由に使える現在の環境では必要性に乏しくピンと来ないかもしれないが、今後資源の逼迫化が進むにしたがって、間違いなくニーズが高まってくる技術である。

農薬のこと――ＥＵのネオニコチノイド規制をうけて

農薬の環境への影響については、今まさに、世界中を巻き込む議論と駆け引きが展開されている。ネオニコチノイドと呼ばれる殺虫剤の生態系への影響についてである。

殺虫剤はこれまで主力を担ってきた有機リン系農薬は人体への影響が強かったため、近年、人体にほとんど害を与えないとされるネオニコチノイド系にシフトしてきた。ネオニコチノイド系農薬は有機リン系と同様、昆虫の神経経路を阻害する、言ってみれば「狂い死にさせる」効果を持つ。水によく溶けて浸透性が高いため吸収されやすく効果が持続するので、使用量や回数を減らすことが可能だ。農薬使用の程度は「回数」で判断されるから、うまくコントロールすれば減農薬栽培、「特別栽培」として扱うこともできる。

だが、ここ十数年のあいだに世界中で発生して話題になったミツバチの大量死が、ネオニコチノイド系農薬によって引き起こされた可能性があるとする研究が出てきた。また、人体に対しての影響もゼロではない、ということも指摘され始めている。

そんな流れのなかで、ヨーロッパ（ＥＵ）では二〇一三年一二月から疑わしいとされる浸透性の強い三種のネオニコチノイド系農薬の使用規制に踏み切った。科学的な因果関係は立証されていないにもかかわらず、二年間限定で、疑わしいものは当面用いない方針を決めた。今後の判断を決めるための「予防的取り組み」という、きわめて政治的な動きである。

ＥＵでは二〇〇九年に有機リン系殺虫剤の大部分を禁止した経緯もあり、同じ先進国のなかでも米国や日本とは立ち位置を大きく異にしており、それは有機農業推進の姿勢にも顕著に打ち出されている。この問題は経済的・政治的な利害が複雑に絡み合っており、扱いが非常に難しいものだ。だが、ＥＵが志向する方向は、有機農業に取り組んできた私の意識と重なる部分が多く、今回の決定にはとても勇気づけられた。

科学は「本当のこと」を見つけ出すための方法論である。それはあくまで認識や理解を深めるための道具であって、現実にどういう行動をとるべきかを直接示すわけではない。一人一人の行動は置かれた状況やそれぞれの生き方に根差した判断で決まり、社会全体の動きはそうした価値観の衝突と統合、つまりは「政治」にしたがって動く。

農薬をどう扱うかは科学の問題ではなく、価値の問題である。そこを押さえておかないと解決の糸口がないし、議論は永久に平行線をたどる。最終的に農薬を使うか使わないか、農薬を使った農産物を買うのか買わないのか、その判断はあなた自身の生活の選び方を表すだけだ。昨今大きな話題になってきた、遺伝子組換え（ＧＭ）植物についても同様である。

農薬を使わないという選択肢――ハンディをチャンスに

農薬を使わない選択肢を取る場合、生産者は技術的に大きなハンディキャップを負う。人の手が入る環境のもとで改良され続けてきた栽培品種は、病害虫に対する抵抗性が弱い。栽培している植物の生育を妨害する生き物にどう対抗していくか、それは常に大きな課題だ。

ただ、病虫害の発生の程度は、植物の健康状態と密接に関係している。有機農業、慣行農法を問わず、植物生理の十分な理解や、土づくり・肥料設計、日常の潅水や換気、受光といった管理作業のきめ細かさ、つまり農業者が丁寧な仕事をしているかどうかが健康状態に大きな影響を与える。こちらの都合、主観的な想い・気持ちだけでは駄目である。自然の特性をどこまで深く理解しているかがストレートに結果に現れる。

病害虫や雑草が発生する条件を作らず、常時観察を続け、適切なタイミングで適切な対応をピシャッと打つ、そうした一連の総合的な対応技術は「ＩＰＭ（総合的病害虫雑草管理）」と呼ばれていて、今、世界各地で研究が加速されている。有機農業に携わる人間も

図９　畑での消費者との交流――有機農業者は人のつながりを重視してきた

そうした業界の最新の動向に注意をはらいながら、農薬を使わないからこそ得られるノウハウを蓄積し、整理していけば、それを大きな武器に変えていくことができるだろう。

いずれにせよ、一番基本的で重要な点は、適期適作の原則を踏まえ、無理な時期、無理な場所で農作物を作らないことだ。季節感や自然に対する感覚そのものを失いつつある現代にあって、お客さんに対して農産物は生き物であることを丁寧に説明し、理解してもらうことは、商売以上に大事なことを含んでいる。旬のものを旬においしく食べてもらう、それが栽培上の都合と一致することも多いのだ。

実際に畑に足を運んでもらったり、食材を使ったイベントを行ったり、インターネットを活用して紹介動画を作成したり、さまざまな形での情報提供が今後ますます重要になるだろう。地道な活動こそ一番の早道だ。単なる「モノ」の枠に留まらず、そこに関わる「ヒト」「コト」、そしてそこにまつわるストーリーの重要性が増している今だからこそ、有機農業者はきっとそのハンディをチャンスに変えることができるはずだ。

4　農業者連携について

生産者連携の必要性

農業の現場に携わっていると、個々の生産者が技術力や営業力を磨くだけではどうにもならない課題にぶつかることがある。たとえば価格決定権。農業では小規模な経営体が中心で、生産者が原価をきっちり価格転嫁するのは厳しいのが現状だ。単独でブランド化をはかって成功している事例は華々しく語られる。そこに目が行きやすいが、それはごく限られた「勝ち組」の話だ。こつこつ真面目にやっている生産者の経営環境の改善について、業界全体でもう少し語られてよいと私は思う。

流通の目線からみると、技術水準をクリアしたうえで、年間を通じて安定的にまとまった量を供給でき、窓口事務対応がしっかりできる産地が評価される。そうした機能を持つには生産者が連携した組織の存在が不可欠で、組織の優劣は生産者の懐具合に直結する。これまで各地の農協組織がその役割を担ってきたが、今は限られた産地を除いて、専業農家が満足できる役割を果たせていない場合が多い。小規模産地や有機農業のような特殊な分野では、単独で思い切った大規模化を図るのでなければ、生産者同士がどんな連携を進めていくかが生き残りの鍵を握る。

日本の農業には総生産額と同額規模の税金がつぎ込まれている。戸別保障制度のような直接支払制度から機械設備の購入、雇用助成まで、様々なかたちで提供される補助金の「下駄」を履くかどうかで競争力は大きく変わる。だが、業界内での補助金の配分には組織力・政治力が大きくものを言うことは否めない。最近では浅く広く配るより、政策意図を反映して少数精鋭に注ぎ込む「戦略的えこひいき」が一般的になってきている。今後は農業予算の縮減が見込まれるなか、組織の情報収集能力やプロジェクト企画・運営能力がますます問われるようになるだろう。

有機農業者の場合、利益追求を最優先とする人はむしろ少数だ。環境への配慮、多様な生態系の保持、豊かな人間関係づくり、持続可能な社会の実現など、生産・販売方式の選択を通じて何らかの社会的課題の解決を目指す人が多い。産地形成や補助金に消極的な人もいるが、現実にさまざまな社会的課題に取り組むには情報やお金の流れをつかむ必要がある。そのためにも多様な主体が共存できる枠組みづくりが欠かせない。

この4節では私が運営に関わってきた「伊賀有機農業推進協議会」の取り組みを紹介しながら、農業者の連携のあり方に一石を投じてみたい。

協議会設立の背景

伊賀有機農業推進協議会（伊有協）は二〇一〇年三月、三重県伊賀市、名張市および周辺地域の農業者や消費者、小売店や飲食店そのほかの流通業者、大学や高校、医療、行政など、有機農業を広めたいと考えるさまざまな関係者が連携して設立された。有機農業推進の活動を通じて、地域全体で持続可能な社会を目指す取り組みを行う「オーガニックタウン伊賀」の実現を目指している。

伊賀地域は古くから有機農業が盛んな地域で、四〇年以上取り組んできた生産者や農業関連団体がいくつも存在し、全国的な知名度と高い技術レベルを持つ篤農家もいる。そうしたベテランの指導を受けて独立した次世代の若手の層も厚くなってきている。それぞれ

図10　伊有協の生産者紹介パンフレット表紙

の農家が個性的でカラフル、ネタの尽きることがないエリアである。農家数にして四〇軒以上、野菜やコメ、茶など、有機農産物（ＪＡＳ認定不問）の総生産額は二億円に迫る。

　その密度の濃さの割に一般にはほとんど認知されておらず、地元でも伊賀が有機農業の盛んな地域であることを知る人はけっして多くなかった。生産者ら数人でグループを作り、契約栽培の形で限られた客先と閉じたサークルを形成してきたことが理由の一つだろう。有機農産物に対する需要は安定していたし、一般向けに広く宣伝する必要はない。それぞれ強い想いを持って独自の活動をしているから、生産者同士がグループを超えて交流する機会はけっして多くなかった。

　加えて外から移住してきた新規就農者らは地域社会とのつながりが薄く、有機農業特有の反体制的なポジション（資本主義や権力、文明への批判）ゆえに行政や農協との関わりも少ないので、公的なバックアップを受けづらい。我が道を行く頑固な変わり者（関西の言葉でいう「へんこ」）たちがバラバラに活動していて、地域全体を巻き込む動きにつながらなかったのである。

それでも技術交流、出荷の助け合いやマーケットの開催、新規参入者の受け入れなど、地域の有機農業の発展を考えれば、連携が大きな意味を持つのは明らかだった。そうしたヴィジョンを持った関係者の粘り強い呼びかけで話し合いが繰り返し持たれ、「伊有協」の設立構想が練られていった。設立に際しては、伊賀市に拠点を置く全国的な農業者組織で、長らく有機農業の推進に尽力してきた社団法人全国愛農会（名称は当時のもの）が事務局として中心的な役割をはたした。

生産者の巻き込み

「伊有協」の設立当初は、どちらかといえば消費者や自給的な農業者を中心に、定期的に集まって意見交換をしたり、健康や食の安全に関する講演会を開催したり、つながりを醸成するための緩やかな市民運動的な活動が展開された。だが、設立から数カ月後、国の産地収益力向上プログラム（有機農業地区推進事業）の事業実施が決まると、活動を取り

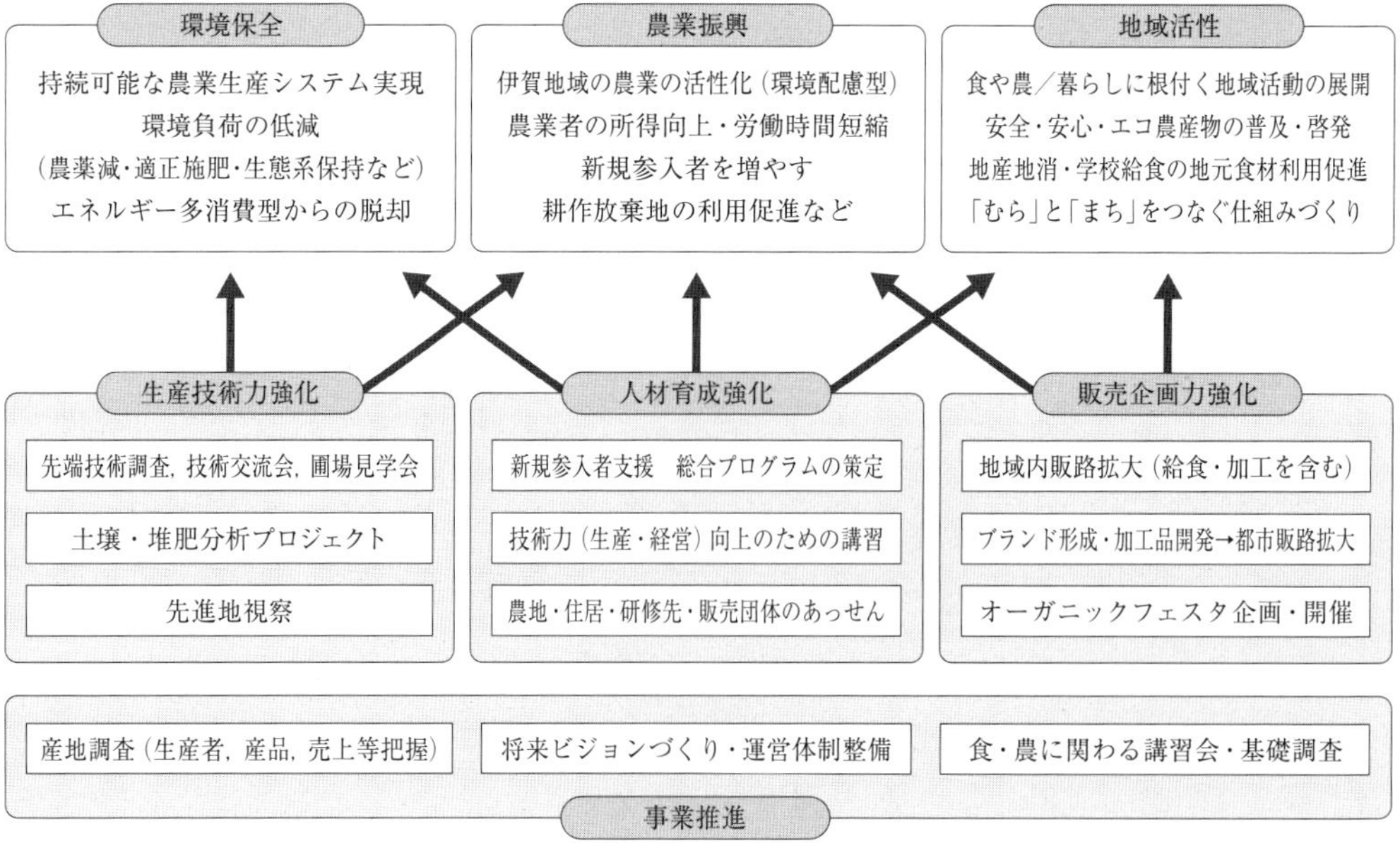
環境保全
持続可能な農業生産システム実現
環境負荷の低減
（農薬減・適正施肥・生態系保持など）
エネルギー多消費型からの脱却
農業振興
伊賀地域の農業の活性化（環境配慮型）
農業者の所得向上・労働時間短縮
新規参入者を増やす
耕作放棄地の利用促進など
地域活性
食や農／暮らしに根付く地域活動の展開
安全・安心・エコ農産物の普及・啓発
地産地消・学校給食の地元食材利用促進
「むら」と「まち」をつなぐ仕組みづくり
生産技術力強化
先端技術調査，技術交流会，圃場見学会
土壌・堆肥分析プロジェクト
先進地視察
人材育成強化
新規参入者支援　総合プログラムの策定
技術力（生産・経営）向上のための講習
農地・住居・研修先・販売団体のあっせん
販売企画力強化
地域内販路拡大（給食・加工を含む）
ブランド形成・加工品開発→都市販路拡大
オーガニックフェスタ企画・開催
産地調査（生産者，産品，売上等把握）
将来ビジョンづくり・運営体制整備
食・農に関わる講習会・基礎調査
事業推進

図11　伊賀有機農業推進協議会の事業ビジョンマップ

巻く状況は大きく変わっていった。

このプログラムは有機農業を組織的に進める「産地」の形成・強化を目的とする助成事業で、有機農産物の生産拡大に関する数値目標が設定されていた。その目標を実現するための長期戦略（ロードマップ）が描かれ、その下に生産技術、販売戦略、人材育成などに関する事業計画を組み込んだ総合的な取り組みが謳われている（図11にビジョンの概要を示す）。

設立時のメンバーは外部からコンサルタントを招いて事業計画を策定してもらい、助成金の獲得には成功したものの、それを実際に運営するには多くの生産者の協力が不可欠であった。それにもかかわらず、プログラム開始時点では生産をしっかり行っている専業農家の参加は限られていた。私自身も頼まれて設立発起には関わったが、まだ就農三年目で自分の農場の作業だけで手一杯。目的や責任の所在があいまいな「ゆるい」活動とは距離を置いていた。

しかし、私はその一年程前から愛農会で会場を借りて、研修生らのために植物生理や施肥理論の自主勉強会を定期的に開催していた。この取り組みをプログラムのなかに位置づければ予算が確保できるとの説明を受け、そこに先進地視察や土壌分析の取り組みを加えていけばよいということで、技術関連事業の運営を任されることになったのである。

そこではじめて事業計画を熟読し、プログラムの全体像を把握してみると、これが実に良くできていた。生産者が連携してこの「強化プラン」を本気でやりきれば、産地として相当の力をつけることができる。どうせ官僚やコンサルタントが描く計画なんて……、と決めつけていたことの誤りに気づき、計画を絵に描いた餅にしないため、自分にできることからやり始めた。

まずは地域の有機農業者を直接支援する内容である以上、この運営には生産者自身が積極的に関わるべきだと考えた。月に一～二回、定期的な農家同士の情報交換会を企画し、顔を見知った生産者らに片端から声をかけた。名だたる「へんこ（へんくつ、頑固者）」たちをどう説得していくかは悩ましかったが、皆が求めるものを想像しながら将来ヴィジョンを描き、できるだけ多くの農家を取り込むための情報発信を続けた。

日々の忙しい農作業のなかで時間を割く以上、会合に際して問題意識や目的は常に明確にするようにした。また、体裁や形式的なことは省き、参加する一人一人が自分の居場所を見出して、持ち帰る「実」のある集まりになるよう気を配った。互いをよく知り、新たな参加者に疎外感を感じさせないために、自己紹介も毎回必須。時折それぞれの圃場を見学する機会を設けながら、生産技術などに関するアンケートも実施して地域の有機農業者が抱える課題の抽出と共有を進めた。

無理強いをせず、楽しくやっていると、人は自然と寄り集まってくるものだ。プロジェクトを企画・運営する人間の情熱や本気度に比例して周りを取り囲む輪は広がっていく。お互いに探りながら、という感じではあるが「へんこ」たちの距離は縮まっていった。

翌年春にはさまざまな周辺関係者とともに、多くの生産者に理事として名を連ねてもらった。来る者拒まずの雑多な構成、総勢二〇名余の大きな理事会。何しろ強烈な個性をもった人ばかりで、皆が協調しているというより、ガヤガヤ集まって「まとまったフリ」をしているといった方が正確だ。だが、フリも続ければやがて本物になっていく。多様性を包括しながら連携を進めるには、そんな要素も必要だった。

「伊有協」の主な活動と今後の展開

「伊有協」の活動は多岐に渡るが、有機農業の推進に関わる①生産技術の向上、②販売促進、③人材育成、④事務局機能の四つの分野での特徴的な取り組みを紹介する。

図12　有機農業者らの連携組織「株式会社へんこ」のロゴマーク

① 生産技術の向上

この問題については、土や肥料（堆肥）に含まれる有機態窒素の実効成分を簡易に測定（または推定）する方法と、それを施肥に生かすノウハウの検討を続けてきた。共同研究の形で県や大学の協力も得て、十数軒の農家に測定キットを配布して施肥への活用を試みる実証プロジェクトも行った。

この取り組みは、通常は公の研究機関や専門の農業コンサルタントが主導している研究開発を、現場の農業者らが企画運営している点で画期的といえるだろう。製造業者が自社で研究開発するイメージに近い。現場に焦点をしぼった実用性の高い技術に注力できる半面、経営体力の弱い小農家の集まりゆえの運営上の厳しさもある。今後は計測器メーカーなど企業に提携を呼びかけ、施肥設計システムの実用化と普及を目指す方針だ。

② 販売促進

これについては、伊賀地域の有機農業に対する認知度向上を狙ったイベント「伊賀オーガニックフェスタ」を早い段階から開催し続け、これが徐々に地域に根づきつつある。有機農産物の販売はもちろん、自然食品や手芸品などを扱う小売や飲食の店舗出展を募り、楽しさや人のつながりを大切にするイベントづくりをすすめている。

同時にブランド化や農産加工品の開発にも積極的に取り組んできた。農業者や加工業者らが集まって販促部会を立ち上げ、アイディアやノウハウを出し合う賑やかな企画会議や試作を繰り返すうちに、さまざまなクリエイティブな発想が生まれていった。二〇一三年秋にはこの部会の活動を母体として、会員生産者らが出資する新たな販売組織も設立された（株式会社へんこの設立）。

③　人材育成

伊賀地域にはもともと名の通った農業団体や生産者が多いため、農業を始めたいという人が集まってくる素地がある。しかし長期の研修先を探す際、師弟の相性が合う・合わないは当然あるし、一つの研修先に留まると視野が狭くなる面も否めない。そこで「伊有協」の幅広い生産者のネットワークが生きてくる。協議会が一役買って間を取り持ちながら、研修を受け入れる農家同士が情報交換を行い、研修生の希望に応じて研修先の変更・ローテーションなども行っている。

また、就農を目指す研修生や若手農業者らに対しては、植物生理や施肥に関する基礎講習会を常設している。一サイクル六回の内容で年二回、誰もが参加できるかたちで四年にわたって開催され、その修了者は一〇〇人を優に超える。昨年は忙しい農家や遠方の人のために、オンラインでの動画配信も始めた。

④「伊有協」の事務局

事務局では、さまざまな問い合わせや要望に対応する窓口業務、情報収集や発信、会員の生産状況の把握、事業運営に関する諸事務などを行っている。こうした機能は連携を維持するために非常に重要だが、現実には専業の事務局員を抱える余力のある組織や行政でないと荷が重い面もある。

「伊有協」では、設立から二年の間、農業講座や有機ＪＡＳ認証などの事業を行っている愛農会が事務局を担っていたが、最終的には事業のメリットを直接受ける生産者自身が運営する形へと移行していった。個人農家であった私が農場を法人化し、伊賀ベジを立ち上げた背景の一つには、「伊有協」の事務局機能を充実させることで、伊賀地域の有機農業者らが持つポテンシャルを一気に開花させたいという想いがあった。そして今、その想いは少しずつ実現されつつある。

農業を誰もが憧れる魅力的な仕事にしたい。厳しい環境のなかでも道を切り拓いていくために、全国各地で農業者による新たなかたちの連携の動きが現れてきている。「伊有協」の活動も間違いなくそうした潮流の一つだ。今のご時勢、ものづくりだけにしか目がいかないようでは先行きは厳しい。大切なのは、ものを生み出しヒトに届けるプロセス全体、つまり「コト」をどう作っていくかだ。農産物を作るヒト、運ぶヒト、手渡すヒト、調理するヒト、食べるヒト、そのリレーをさまざまな形で支えるヒト。人の輪をつなぎあわせ、よりよい形を目指すには、全体に心配りを続ける「ファシリテーター」の存在が必要だ。

「伊有協」という農業者連携の取り組みのなかから立ち上がった株式会社へんこは、今後、そうした「ファシリテーター」の役割を中心となって担っていくべき組織だ。まだまだ立ち上がったばかりで軌道に乗るには少し時間がかかりそうだが、農業や地域に関わるさまざまな課題と向き合い、新たな仕組みを提案し実現していく農業関連の「トータルソリューション企業」を目指す。意欲ある農業者らを支え、育てていくためにも、各地で地に足の着いた活動を展開する生産者らと連携し、時代をリードする状況を作っていきたいと願っている。

第4章　自然栽培の意味と意義

――ナチュラル・ハーモニーの場合――

河名秀郎

河名秀郎
（かわな　ひでお）

1958年，東京都生まれ。
株式会社ナチュラル・ハーモニー代表。

18歳の時に肥料や薬に頼らない自然栽培に出会い，農業修業と引き売りを経て1986年，株式会社ナチュラル・ハーモニーを設立。以来，自然食品店，レストラン，個人宅配などを展開し続け，生産者や消費者に向けてのセミナーでは，大自然を師と仰ぐ，自然のリズムに沿った生き方，暮らし方の普及に力を注いでいる。著書に『自然の野菜は腐らない』（朝日出版社，2009年），『ほんとの野菜は緑が薄い』（日本経済新聞出版社，2010年），『野菜の裏側』（東洋経済新報社，2010年），『世界で一番おいしい野菜』（日本文芸社，2011年）などがある。

1　自然栽培とは

自然栽培の定義

自然栽培とはどのような栽培なのか、有機栽培とどこが違うのか。よく聞かれることである。自然栽培とは、化学肥料はおろか厩堆肥（人糞・牛糞・豚糞・鶏糞・馬糞・魚粉・油かす・ぬかなど）および農薬などを一切使用しない、自然の摂理にのっとった栽培法である。また、「自然栽培」「自然農法」でいうところの「自然」とは何か。一般的には山など自然のありのままの風景を畑に再現することが自然農法だととらえられているケースも多い。畑や田んぼを自然界のようにすることが「自然」という価値観である。自然界は、耕すこともなければ、草を抜くこともない。多種多様な生物がまさに自然に存在している姿であり、それゆえに不耕起・無除草という農のあり方になりがちである。これらも肥料を使用しないという観点からすれば自然農法の一つかもしれないが、ここでいう「自然栽培」は、農地に自然界を再現するのではなく、自然の法則・摂理を農業に活用することに重きをおいている。まずこの点をご理解頂きたい。

そもそも農地というのは、人間が食べ物を生産する目的で作られた場である。その時点ですでに不自然な場といえる。不自然な場において自然界を再現しようとすると、そこに大きな狂いが生じてしまう。現代農業が抱える問題の一端は、この自然のとらえ方の誤りによるものといえるかもしれない。私は三〇年以上にわたり自然栽培の探求・普及にあたってきたが、不耕起栽培や無除草栽培、そして有機栽培、さらにいえば慣行栽培も否定しているわけではない。それらすべては、その時代に必要な方法論だったといえる。農薬はないにこしたことはないが、今すべての農薬がなくなれば人類は食べ物を失い飢餓に陥るであろう。耕さず、草を抜かずに栽培することも良いであろう。ただし、七〇億人の人間が生存していくことはできない。

農業とは、食料を生産することである。この大前提をもとに、自然の法則を冒すことなく、秩序をもって農業をすべきであるというのが私の持論であり、本来の自然農法であり自然栽培の姿だと考えている。

提唱者・岡田茂吉氏

自然栽培。この農法が提唱されたのは昭和の初期。提唱者は、宗教家であった岡田茂吉氏である。インターネットで、私の名や、私が経営する会社「ナチュラル・ハーモニー」を検索すると「宗教」という言葉が出てくるのはこうした背景がある。農業ではないが、最近よく耳にするマクロビオティックという食のスタイルの概念も、もとをたどると宇宙観に基づいた思想に行き着く。自然栽培にしても、マクロビオティックにしても、物理的理論や科学的根拠よりも感性や感覚、つまり自然観から生み出されたもので超自然科学の分野といえるかもしれない。

二〇一一年一一月一一日、自然栽培の普及を目的に「自然栽培全国普及会」が設立された。会長は、自然栽培歴三〇年以上という全国でも先駆者的存在である高橋博氏（千葉県富里市）、事務局をナチュラル・ハーモニーが担うことになった。会は畑作部門・稲作部門・果樹部門からなっている。

設立時の会報に、私はあえて岡田茂吉氏の論文の一部を引用し掲載した。宗教的というイメージを持たれることも承知のうえであった。自然栽培を広めていくという目的がある以上、創始者が提唱していたことをすべての会員が知っておく必要があると思ったからである。以下はその内容である。

そもそも自然農法*の原理とは、土の偉力を発揮させることである。それは今日までの人間はその本質を知らなかった。（中略）その概念が肥料を使用することとなり、いつしか肥料に頼らなければならないようになってしまった。なるほど、肥料をやれば一度は相当の効果はあるが、長く続けるに漸次逆作用が起こる。即ち作物は土の養分を吸うべき本来の性能が衰え、いつしか肥料を栄養としなければならないように変質してしまうのである（肥料の逆効果より引用）（中略）そうして、人肥金肥は一切使用せず、堆肥のみの栽培であるから、その名のごとく自然農耕法というのである。

もちろん堆肥の原料である枯葉も枯草も自然にできるものであるからであって、これに引き替え人肥金肥はもとより、馬糞も鶏糞も魚粕も木灰など、天から降ったものでも地から湧いたものでもなく、人間が運んだもの**である以上、反自然であることはいうまでもない。そもそも森羅万象、如何なるものと雖も大自然の恩恵に浴さぬものはない。即ち火水土の三原素によって生成化育するのである。三原素とは科学的にいえば、火の酸素、水の水素、土の窒素であって、如何なる農作物と雖も、この三原素に外れるものはない。（中略）以上のような、大自然の法則を無視した人間は人為的肥料を唯一のものとして今日に到ったのであるから、食糧不足に悩むのは寧ろ当然というべきである。

（中略）曩に述べた如く、火水土の三原素が農作物を生育させる原動力としたら、日当たりをよくし、水を充分供給し、浄土に栽培するとすれば、今までにない大きな成果を挙げうることは確かである。＊＊＊いつの日かは知らないが、人間はとんでもない間違いをしでかしてしまった。それが化学肥料の使用である。全く土というものの本質を知らなかったのである。

（岡田茂吉『自然農法解説書』一九五三年より、一部抜粋）

＊　後に名称が自然栽培となる。
＊＊　肥料分として人為的に運ぶことを意図している。
＊＊＊　温かい、水はけよく水もちの良い条件を整えることを意図している。

このとおり「火水土の三原素」など宗教家らしい表現がみられるが、つまりは大自然をよくよく観察すればそこに人為的に何がしかが持ち込まれることはなく、それでも木々や草々は命をつなげてきているという姿から学べ、ということである。また、「堆肥」という言葉が出てくるが、これは現在の動物性肥料のようなものを指しているのではない。作物の残渣が腐植したものである。

では、どのような仕組みで植物は生命を維持しているのだろうか。岡田氏は、その原動力を「火水土」と表現した。火は、太陽からもたらされる何か、水は月からもたらされる何か、土は地球からもたらされる何かということである。「何か」とは、今の科学では解明できていない超極微粒子なのかもしれない。いずれにせよ、今私たちが目にする大自然の永続した営みは事実である。この営みの法則を、農地という場で再現しようというのが岡田茂吉氏の提唱した自然栽培である。

当時はすでに「作物は肥料で育つ」ということが常識であったであろうし、岡田氏の論は嘲笑されたに違いない。宗教家の戯言といわれたかもしれない。そんななか、主に信者ではあったと思うが、少数派の人々が岡田理論を信じ、自然栽培を信じて今日までつなげてきたというのが自然栽培の歴史であろう。

理論より実践

私は、長い間「宗教だ」「オカルトだ」「胡散臭い」といわれ続けてきた。肥料も農薬も使用せずに栽培できるという今の農学では到底ありえないことを主張し、実践しているのだから無理もない。しかし、ここ数年で状況は大きく変容している。以前では考えられないことであったが、国立大学の農学部や農水省から声がかかるようになってきた。こうした機関が興味を示すということは、自然栽培の実践者が増え、成功事例が多々見受けられるようになってきた表れと理解している。そして事実として存在することが「オカルト」ではないことを証明しているのである。

とはいえ、理論よりも実践の成果で語る我々への批判や反論がないわけではない。とくに、農学者、肥料学者とのディスカッションはつねに平行線をたどる。彼ら曰くの「不可思議な実態」は、今後解明されていくであろう。一方で、自然栽培側にも理解を難しくする要因がないわけではない。その一例が前述の「火水土」という概念や、「肥毒」という言葉である。自然栽培そのものが宗教家から出たことはすでに述べたが、それゆえ耳慣れない言葉も多い。肥毒については、自然栽培を理解・実践するうえで大変重要な事柄であるので、後ほど詳しく述べることとする。いずれにせよ、今後、学者や研究者にも理解しうる表現を模索していく必要はあると感じている。

いつのころからか日本人は宗教や信仰といったものと距離を置くようになってしまった。私は、大自然の法則を体系化していったものが宗教であり、具体的農法に落とし込んだものが自然栽培であるととらえている。本書は専門書ではないので、理論・根拠、または現代農業の常識といったものをいったん横に置き、起きている事実を前提に自然栽培とはいかなるものなのかを綴っていきたい。ぜひご自身の感性をもって自然栽培の世界に触れて頂ければ幸いである。なお、私自身は農業従事者ではない。一人の消費者として自然栽培に興味を抱き、追求してきた。その過程でさまざまな生産者と出会い、学ばせて頂いた立場の人間であることを付け加えさせて頂く。

2　自然界のバランス

虫や病気も悪ではない

科学的な根拠がないなか、信ずる者たちが実践を継続していた自然栽培。化学肥料が台頭する昭和三〇年代を迎え、実践者は減り続けていったという。しかし、今日まで少数ながらも実践者がいるのは、少なからず結果がともなっているからであろう。私は自然栽培に触れた当初、岡田氏の著作物を繰り返し、繰り返し何度も読みあさった。そしてもっとも衝撃だったのは「病害虫の原因は肥料にあり」という発想であった。

私は、農業について学んでいくなか、農薬を何十回と使用しないと野菜が生産できないということにまず驚いたのである。「薬を使うなんて」というのが当時の正直な感覚だった。

今は、一般の消費者も肥料と農薬の存在をあたりまえのように思われているかもしれないが、当時の私はそうではなかった。私は農業の「の」の字も知らなかった。そして農業の実態を知るにつれ、ますます野菜も人間も同様に思えてきた。どちらも薬に依存しなければ生きていけないということである。そして私は直感した、「薬を多用した食べ物を食していれば、薬を多用して生きていかざるをえなくなるのではないか」と。私のなかで、目には見えない野菜・土・人の関連性をよりリアルに感じるようになっていった。

農業でなぜこれほどまでに薬を使うかといえば、虫・病気によって著しく生産量が低下するからである。そこで自然栽培である。農薬はもとより肥料も使用しないという。さらに、農家から忌み嫌われている虫や病気も「悪ではない」という。虫に益虫も害虫もない、病原菌などの菌に良い悪いがないというのだから、簡単には理解できるものではない。岡田氏はなぜそのように説いたのであろうか。

確かに、農作物を食い荒らす虫は農家にとって害でしかなく、蔓延する病気も駆逐すべき悪でしかない。しかし、それは農家の目に映った事実ではあるかもしれないが、真実ではないともいえる。同じ現象を人間側からだけでなく、自然界側から見るとどうなるであろうか。山や森、草原といった自然界において、虫や病気により壊滅させられている場所がないということは大きなヒントである。

虫や病気は、畑や田んぼといった人間が何がしか施した場を目指してピンポイントでやってきているのではないだろうか。何がしかとは、つまり肥料である。自然界にも動物は生息しているので、その糞尿が大地に落とされることは当然ながらある。しかし、田畑のように一カ所に集中して馬糞・牛糞・豚糞・鶏糞、ましてや化学肥料が入ることは起こりえない。そして、あえて述べるまでもないが、魚粉や海藻などといった海のものが大量に山や森に運ばれるということも起こらない。こうした自然界では起こりえないことが人為的に引き起こされれば、当然自然界のバランスは崩れるに違いない。

自然栽培では、虫・病気もバランスをもとに戻すために働いている存在ととらえている。人間側からではなく、自然界側からの視点である。自然界の調和のメカニズムによって、農作物もそして人間の身体をもさまざまな形でバランスを保ち、健全な姿を維持しているのであり、そのさまざまな形の一つが虫や病原菌なのである。彼らこそ地球の免疫システムの一部といえるかもしれない。

土とは何か

まず、どのような農法でも基本となるのは土である。自然栽培を語るうえでも、土は大変重要といえよう。一般的な栽培は、土に栄養分となる肥料を入れ作物を育てる。極論すれば、どのような土であっても肥料さえあれば作物は育つ。土は、肥料を蓄え、作物の体を支えるだけの役割ととらえられる。

一方で、自然栽培はいかなる肥料分も土に投入しない農法である。それゆえに、土が大変重要なわけだが、そもそも土とは何であろうか。単なる作物の土台にすぎないのであろうか。

土、そしてその上に生えている植物の存在は、あまりにも当たり前の姿であり意識することは稀であると思う。しかし、種と同様に土も植物の原点といえる。原点である土に考えをおよばせていく必要がある。

土は地球の表面を覆っているものである。地球の地殻は岩であり、さらにその内部ではマントルが対流している。地球ができたとき、表面に土はなく岩石がむき出しの状態であったという。土は、この岩石が風化してできたものだろうか。おそらくそれは砂ではあっても土とは違う。では土はどのようにして生成されてきたのだろうか。

四六億年前、そもそも原始の地球は炭酸ガスで覆われており、「酸素」は存在していなかった。その後、数億年かけて地表が冷え、水蒸気が雨となって地表に降り注いで海ができると、大気の主成分は二酸化炭素と窒素になった。さらに、海に二酸化炭素が溶け込み、その一部がカルシウムイオンと結合して、石灰岩として海底に堆積することにより、大気中の二酸化炭素は減少し、大気の主成分は窒素になった。およそ二七億年前、地球以外の星、太陽のエネルギーを利用してラン藻（シアノバクテリア）が海中に誕生した。光合成の始まりである。二酸化炭素と水から有機物と酸素が生成されるようになると、大気中の二酸化炭素はさらに減少し、酸素が増え始めた。その後ラン藻（シアノバクテリア）の大繁殖により、海中だけでなく大気にも酸素が放出されるようになる。大気中に増えた酸素は、やがて成層圏まで達してオゾン層を形成した。これにより太陽からの紫外線がガードされ、ようやく生物が陸上で生きる条件が整ったのである。ラン藻（シアノバクテリア）の誕生から、さらに二五億年以上も後のことだった。最初の陸上生物を「地衣類」という。これは現在でも目にすることができる。墓石などにこびりついている灰色の苔である。

植物の進化の過程で太陽による光合成の仕組みともう一つ重要な星の働きがある。地球の唯一の衛星、月の働きである。地球の海は、月の引力の影響を大きく受け、月の位置によって満潮・干潮が発生する。しかし月の動きによって、植物の樹液の流れが変化することはあまり知られていない。月齢と植物の動きが連動しているとすると、水分の存在や動きは月が地球に及ぼしている影響の一つかもしれない。

今日の月の形はどんなであろうか。現代人は太陽は毎日のように意識するが、月の動きを意識することは少ないのではないだろうか。自然栽培を理解・実践する上で、自然観は欠かせない。毎日、月を見上げるだけでもあなたの自然観はずいぶんと呼び覚まされるであろう。

さて、土だが、地上に生まれたこの「地衣類」の死骸が腐植になる。これが原始の土である。植物は、自らが生えていた場所に枯れ落ちていくのである。生えては枯れるということをそれこそ何万年、何億年という月日をかけ幾度となく繰り返し、それに呼応するように植物も変化し、腐植の層を作っていったのである。

以上は私の持論ではなく、地質学者によるものなので素直に信じて頂いてかまわない。もうお気づきだと思うが、土ができる過程で、どこにも動物の糞尿や魚粕や油粕などといったものは登場しないのである。土は、太陽と月とのコラボレーションによって植物の進化とともにその腐植によって作られていったのである。一般論であるが、一センチの土が作られるのにかかる年月は一五〇年とも二〇〇年ともいわれている。

また、植物を見るとき、私たちは土の上にあるものばかりに目を奪われるが、腐植の一部としての根の存在を忘れてはいけない。もし、散歩中に道端に咲くタンポポでもあれば掘ってみて頂きたい。その根の量に驚かれるはずである。以前、北海道の自然栽培農家を訪れた際、ミニトマトの根の標本を見せて頂いた。標本といってもご自宅の廊下の壁に貼りつけてあるもので、ゆうに四メートルは超えていた。これでも途中で切れてしまったそうである。それほど根を張るのである。この根もまた、上部と同様に枯れて土となるのである。タンポポであればタンポポの、ダイコンであればダイコンの、ミニトマトであればミニトマトの、それぞれの植物が自らの生育に適した土になっていくと考えるのである。

肥料は手段にすぎない

さて、水辺の植物であるイネ。そのイナワラを畑にすき込むことをみなさんはどう思われるであろうか。自然栽培的にいえば、イネが畑に持ち込まれるのは自然とはいえない。水辺の植物が陸地に入ることは不自然なことであるからだ。土づくりのためにワラを畑に入れるのであれば適したワラはムギのワラということになる。木々の落ち葉もまた畑には不自然なものといえる。落ち葉は樹木が生えやすい場を作るためのものであるので果樹園には向いているであろう。

肥料を使用しなければ自然栽培であると考えている方々の多くは、この自然の循環という点にもっと注視すべきである。経験上、志をもって自然栽培に取り組み始めたが収量が上がらず病虫害の被害が減らず挫折してしまう方々の多くはここにも原因があるといえる。

また、山を開墾して畑にすれば、その土は肥料も農薬も使用していないので自然栽培に適していると考える新規就農者も多い。確かに、肥料により病害虫を呼び込む心配はないであろう。ゆえに、いい野菜ができるのではないかという思いが湧くのは理解できる。しかし、すぐにそこで野菜はできない。なぜなら、そこは山の土だからである。ホウレンソウやコマツナなどの葉物はとくに難しい。開墾し数年たってようやくダイコンなどの根物が作れるようになる程度である。取り組み方や諸条件にもよるが、葉物類が育つのはさらにその数年後になるだろう。果樹ならば野菜類よりは早く結果が出るかもしれない。なぜなら果樹のような木質の植物は、そもそも山に生息しているという非常にシンプルな理由からである。

自然栽培全国普及会には、新たに畑を借りたので自然栽培が可能か見てほしいという依頼や、自然栽培を始めたのだがどうしても作物が育たないので原因を知りたいといった相談を全国から受ける。実際に現場に赴き、畑を見て愕然とするときがある。一見畑と思われるその場所は、実は以前田んぼだったりするのだ。田んぼに山から土を運び込んでいるため見た目は畑のようになっている。しかし、その土の質、地盤の構造は水辺の植物であるイネを育てるために作られたままなのである。土は粘土質であり、水が漏れないよう土中に盤が作られている。当然、畑の大事な要素である「水はけ」は望めない。この条件では自然栽培の野菜づくりは難しいといえる。ましてや過剰水分を好まない作物、たとえばトマトなどは絶望的である。

もちろん肥料を与えればどんな場所（土）でもできてしまうため、それは土の状態や地形的特徴を読み取る眼を養ってこなかった結果である。自然栽培を単に無肥料・無農薬栽培ととらえた多くの方々がこうした事例を多数生んでいることに対し危惧を覚え、本質的な自然栽培を広めるために二〇一一年一一月、先に紹介した「自然栽培全国普及会」を設立したのである。

肥料を入れないというのは手段にすぎない。この点は強調しておきたい。自然の摂理、自然界の法則を農業に活用するという目的を達成するためには肥料は必要ない、むしろ妨げになるので使用しないだけのことである。しかし、いつしか肥料を使用しないことが目的となってしまい、誤った自然栽培の理解が広まっているのも事実である。

3　本来の自然栽培

肥料を用いてきた歴史

自然栽培が昭和の初期に世に登場したことはすでに述べた。本来の自然栽培を知り、同じ失敗を繰り返さないためにも基本をしっかりと押さえて頂きたい。次のイラストは当時発刊された『自然農法解説書』のものである。

肥料は「自然界のバランスのとれた土そのもの」ということに再三ふれてきたが、化学肥料を使うと急激なバランスの乱れを起こす。作物を早く大量に作るには適しているが、虫や病気の温床となる。生産を上げることが命題であった戦後の時代、化学肥料は救世主とまで呼ばれていた。これはこれで時代が必要としていたのだから否定はしない。

肥料の歴史をもう少しさかのぼってみよう。肥料の起源は諸説あるが、当時を見た人は誰もいないのでどの説も絶対というものはない。私も私なりの考察を書いてみたい。

肥料の起源は、草木灰であったと考えられる。たとえば自然発生で山火事が起き、その場所に種を撒いた、または自然に植物が生えてきたさまを見て、その成育具合にヒントを得たのかもしれない。他よりも成長が著しいことを発見し、以来、積極的に草木灰を用いたのではないかと思われる。

図1　岡田茂吉『自然農法解説書』1953年より

これは現在でも「焼畑農業」という伝統農法として受け継がれている。自然派の農業というイメージがある焼畑農業の実態はどうであろうか。肥料や農薬を使用しないという点では自然に近い農法であることには違いないが、実施農家に聞くところによると収穫できるのは焼いたその年だけか、できても二年程度だという。翌年からは、病虫害の発生などで収量が上がらないというのである。自然の植物の灰といえども、それらが大量に畑に入るのは不自然な事柄でバランスを欠いた状態なのであろう。自然界の秩序を乱してしまった結果と考えられる。

本来、土というのは植物が育つ上で完璧なものであると自然栽培では説かれている。土が人間の関与しない過不足のない絶妙なバランスの上に成り立っているところでは、たとえ自然由来のものといえども異物となりバランスを崩してしまう。崩れてしまった自然界のバランスを元に戻すことは人間にはできない。それゆえに、虫や病気が働いてくれているととらえるのが自然栽培である。

やがて肥料は、人糞や家畜の糞尿など動物性のものが主流となる。草木灰よりも効果があることを見出したのだろう。しかし、効果が大きければ大きいほどバランスの崩れも大きく、比例してもとに戻そうとする作用も大きくなることに人類は気がつかなかった。畑や田んぼで作物を生産すれば、虫や病気は当然やってくるものととらえ、「しかたのないこと」と思い込んでしまったのであろう。

そして現在は化学肥料が主流である。成育速度、増収といった効果は動物性肥料の比ではない。それにともない虫や病気も増加の一途である。当然、農薬の使用量も増える一方である。

歴史を振り返れば、肥料の使用量は年々増えていることがわかる。それにともない農作物の生産量も増えている。そして農薬の使用量も増えているのである。つまり、肥料が増えれば増えるほど、病虫害が増えているという証である。もはや、土は完全にバランスを失っているといえる。曖昧な表現になるが、土が「病んでいる」のである。

バランスを崩した土で育てられたバランスの崩れたコメや野菜を食べる私たちの身体は健康だろうか。自然のありのままの形として身体を維持していけるのであろうか。私は、それは所詮、無理だろうと思っている。

一方、バランスの整った食材を選べば、自ずと身体もバランスを保つことができ、大きな病気にかかることは基本的にないと考えている。なぜなら、バランスが保たれていれば虫や病原菌が働く機会がないからである。この理屈に基づいて、私は自身のライフスタイルも追及してきたのである。

私は、「医者にもクスリにも頼らない生き方」というテーマで何十回、何百回と全国各地で講演会をしてきたが、まさに大自然、自然栽培から学んだ生き方なのである。

補足として、（補足としては重要すぎる事柄だが）「医者にもクスリにも頼らない生き方」とは、医者にかかるべき緊急を要す状態にもかかわらず無理に堪えているということではない。そもそも医療や薬品を必要とする事態がこの身に起こらなかったということであり、バランスを戻す役割の病原菌たちが活躍する場が少なかったのである。

農業でいえば、農薬を使用しなければ収穫に至れないほど虫がついた状態のものを農薬は使用せず手作業で駆除したということと、そもそも農薬に頼る必要がない逞しい野菜だったということの違いである。手作業で虫を駆除すれば無農薬であるし、農家のご苦労は痛いほどわかるが、本質的には自然淘汰されていた短命な植物、バランスを欠いた姿であったことに違いない。農薬のリスクは避けられるが、本来の身体を作る食べ物としては適していないと私は考えている。

「発酵」と「腐敗」

野菜は腐る。これは常識であるが、真実であろうか。自然の野山を見渡せば、腐っている場所はほぼ見受けられない。野山の植物は枯れていく。同じ植物でも、冷蔵庫の奥に忘れ置かれた野菜は腐っている。この違いはなんであろうか。

肥料を与えず育てた自然栽培の野菜は腐らずに枯れていくという話は、この本を読まれているあなたならご存じかもしれない。この点についても詳しくお伝えしておく必要があると感じている。確かに自然栽培のものは腐らない傾向がある。しかし、当然ながら自然栽培と名がつけばすべて腐らないかといえばそうではないのである。もし、自然栽培＝腐らない野菜と思われていたらこの機会に改めて頂ければ幸いである。

化学・有機を問わず、過去に大量の肥料を投入してきた場であれば、自然栽培にしたからといって腐らない本来の作物がすぐさまできるわけではない。自然栽培に取り組んで年数の浅いものは腐敗するものも少なくない。逆に、肥料を使う栽培でも、肥料の量と質を見極め上手に用いて栽培されたものであれば有機栽培のものでも腐らないものもある。腐らない野菜はどうなるか。枯れるのである。自然栽培のものでも有機栽培のものでも自然のバランスが保たれているものであれば枯れていくのである。あるいは、特定の条件のもとであれば「発酵」していくのである。

腐敗と発酵、または枯れてゆくことの違いは何に起因するのかは解明されていない。学者によっては、腐敗も発酵も同じ現象だという。しかし、私の五感は、腐敗と発酵はまったく別の現象だと認識しているのである。「食すべきものか否か」という大変重要な違いである。

自然栽培の年数の違いについて追記する。年数の浅い、腐敗してしまうかもしれないものは、たとえ無肥料でも自然栽培とは呼べないだろうか。ここは意見が分かれるところだが、私たちは、取り組みが始まったその年、つまり一年目から自然栽培として扱っている。なぜならば、腐敗に向かうか発酵に向かうか見極めることは人間にはできないからである。また、同じ生産者、同じ圃場でも作柄は異なるため画一したルールは作れない。ゆえに、販売する際は、「自然栽培歴何年」といった表記をし、判断を消費者に委ねているのである。

顧客のなかには自然栽培歴の長いものを要望される方も多い。化学物質過敏症の方のなかには、自然栽培歴一〇年以上のものしか口にできないというケースもあった。こうしたご事情のある方には優先的にお届けしたいと思っている。一方で、私をはじめスタッフは自然栽培歴の浅い生産者のもの、とりわけ一年目のものを食すことが多い。これはまさに支えるためである。一年目がなければ当然二年目を迎えることはできない。今は自然栽培歴一〇年以上の生産者も数人いるが、皆スタート時は一年目なのである。大事なときである。よりクオリティの高い、本来の食材を食したいという気持ちよりも、自然栽培を取り組み始めた生産者をバックアップしたいという思いが勝るのである。お互いを思い、自然栽培を思い、ときには厳しい要求や激しい議論もするが、生産・消費・流通が三位一体となって取り組まれなければこの栽培は広まらないことを三〇数年の年月を経た今、心から強く思うのである。

菌に善悪はない

発酵と腐敗の話において、誰もが陥りやすい落とし穴がある。それは、腐敗は悪で発酵は善と判断してしまうことである。腐敗したものは、その見た目、臭気から、「食すべきものではない」と判断するのはもちろん間違いではない。しかし、これが悪かといえばそうではない。善悪というのは、人間の小さい眼に映る範囲の情報で勝手に判断した価値観にすぎない。腐敗してしまう原因は、人間が施した肥料なのである。その植物は人間によって自然のバランスを欠いたものに仕立て上げられてしまったのである。自然界にとっては好ましくない「不自然」がそこに存在しているのであるから、この不自然なものを早く分解し地球へと還していくのが菌たちの働きであって、この菌たちがいなければ世のなかは異物だらけになってしまう。腐敗という現象のもとで働く菌たちは、人間の犯した過ちを清算してくれている、いわば地球のお掃除屋さんなのである。自然界の視点でいえば、発酵させる菌よりも、むしろ腐敗させる菌の方がありがたい存在なのかもしれない。

いずれにしても「発酵」と「腐敗」という二つの現象に、私は大変興味を引かれるのである。これまでにも、実にさまざまな野菜やコメを用いて実験をしてきた経緯がある。実験といっても難しいものではない。生のままの野菜、炊いたコメを小さな瓶に入れ、経過を観察するだけである。肥料を施していないものはすべて発酵するかといえばそうではないし、有肥料でも発酵するものはあるというのは経験上わかってきた。また、発酵の「力」の強弱も見えてきた。仮説ではあるが、肥料のみならず農薬やその他の農業資材、または大気中の物質、現在では放射性物質なども含めたトータルな「反自然物」の含有量によって発酵の強弱のレベルに差が出てくるようにとらえている。不自然さの総量といってもよい。

もはや食を表面的な安心や安全といった次元で語る時代ではないのかもしれない。発酵力の強い食材、生命力溢れる食材を選択し、結果としてそれらは安心安全であったということにすぎないというとらえ方がふさわしいと感じている。

再び自然栽培の創始者の言葉を引用する。「食卓に山ほど食材が並んでも、どれ一つ食べることができない時代がくる」。

これはまだ遠い未来のことであろうか。現実を見ると、今まさにこの時代を迎えていると私は感じている。どの食材も薬品まみれ、化学物質まみれである。飽食の時代、食べ物は破棄するほどあるこの国において、本来人間が食べるべきものは食卓から消え去ってしまっているのである。一つひとつの食材が作られている過程を知れば、だれもがそのように思うはずである。どれ一つとして人間が人としてのバランスを保てるものがない。あるとすれば自然栽培に準ずるもの。そしてそれらを原料にした味噌や醤油やお酢といった天然発酵のものや加工食品だけではなかろうか。現に、化学物質過敏症を発症した方々は、これらのものしか口にできないという方も少なくない。

4　肥毒と土

肥毒層について

自然栽培の実際の方法論に話を進める。自然栽培が肥料を使用しないことが最大の特徴のようにいわれているがそうではないことはすでに述べた。土、そして種を健全にすることにより健全な作物が育つのである。

自然栽培において、過去に入れた肥料・農薬・さまざまな資材の残存物を「肥毒」と呼ぶ。この肥毒を解消することによって、エネルギーの循環が滞りなく行われ、結果として農薬を必要としない逞しい生命が育まれるのである。農地において、この肥毒が土中に層となってみられるケースがある。畑を掘り、土の断面を温度計と硬度計で計測してみると、周辺とは異なる数値を示す場所にあたる。冷たくて固い層、これが「肥毒層」と言われている。この層があると、エネルギー循環を妨げ、同時に根は伸びず、水はけも悪くなる。

一般農業ではこれと似た現象を「硬盤層」と呼ぶ。トラクターなどの機械や、土自体の重みによって硬く押し固められた層を指している。自然栽培では、そこに肥料・農薬の残

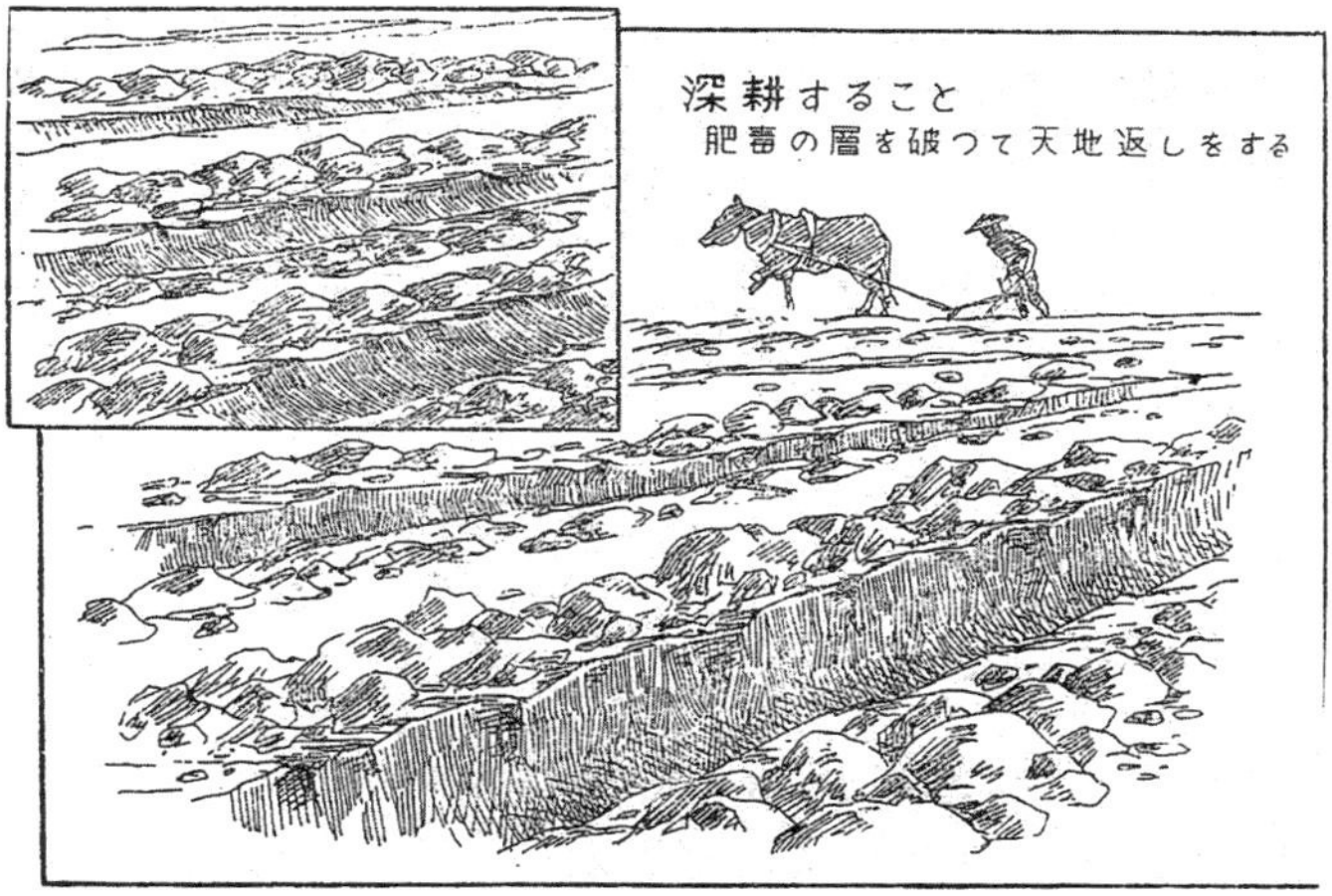

図２　岡田茂吉『自然農法解説書』1953年より

存物が存在し、「冷え」「固さ」を生んでいるととらえている。

「肥毒」については、言葉の響きがもたらす印象が、本質的な理解の妨げになっているかもしれない。この際、言葉は横に置き、成育の妨げとなっているものを取り除くことによって、無肥料・無農薬、一切の養分供給なしに営農を実現されている自然栽培農家の話を引用することで読者の方々の理解の一助にして頂ければと思うのである。

少々長いが、高橋博氏の言葉を引用する。

自然栽培に取り組み始めて数年後、相変わらず収量は上がらず生活は困窮を極めていた。それでも何がなんでもこの栽培をやり遂げたかった。農民を苦しみから救うのはこの自然栽培しかないと確信していたからだ。どんなに生活が苦しくても、その気持ちだけは揺らぐことはなかった。結果が出ないのには出ないなりの理由がかならずあるはずだ。その理由や原因を探し出すために、成功している人の噂を嗅ぎつけては訪問してみたのだ。そこでわかったのは、成功理由を誰も知らないこと。自分がなぜできているのかわかっている人が一人もいなかったのだ。どうして成功し、なぜ失敗してしまうのか、それを解き明かした人はどこにもいなかった。

私は答えがわからないまま、ひたすら辛抱をするだけの日々を送っていた。これでは奇跡を待っているかのような農業にならざるをえない。相談できる相手はいない。唯一の手がかりは、手元にある自然栽培の手引書のみである。昭和初期に書かれた書物を何度も何度も読み返してみるが、やはりわからない。八方塞がりのまま長い年月が流れた。自然栽培に苦しめられて一〇年目、ようやく気づきが訪れた。今まで幾度となく、すがりつくように読んでいた手引書のなかのある言葉が私に訴えかけてきたのだ。それが肥毒という言葉だ。今までも何度も目にし、頭ではわかっていた言葉だった。いや、わかっていたつもりだった。鋤《すき》を使って肥毒への対処はしていた。しかし、真剣に解き明かす気持ちが抜け落ちていたのだ。肥毒が何であるかをこの目で確かめようと思った。

農業組合の五人のメンバーで、実際に土を掘ってみることにした。掘ってみると、冷たくて硬い岩盤のような層があった。硬度計で計ってみると、他の地層に比べて明らかに硬い。温度計をさしてみると、この層だけ温度が急に下がっていた。これが肥毒だ！と実際に目にすることによってはじめて理解ができたのだ。そして、五人のメンバーのそれぞれの圃場を研究対象農地と定め、肥毒層を撤去する取り組みを開始した。

この五人の研究農地こそが全国のモデルとなるという思いから、質の異なる土を選び、定点観測を続けた。五人のうちの三人は素直にその意味を理解し肥毒撤去作業も積極的に取り組んでくれた、後の二人は真面目に取り組もうとしない。肥毒の存在を疑っていたのかもしれない。取り組まないことに腹を立てたこともあったが、後になってこのことが幸いした。やった人・やらない人の違いが明確に出たのである。

五年間のデータを整理したとき、肥毒の撤去に取り組めば良い結果がでることがハッキリした。しかし、まだ確証がもてなかった。偶然かもしれない。そこで、もう五年調査を継続することにした。一〇年の結果をもって答えを導き出そうと思ったのだ。一〇年続けた結果、確信を得ることができた。肥毒こそが収穫量が上がらない真の原因であると。

（高橋博氏、談）

高橋氏は自然栽培に取り組んで三〇年以上経つが、肥毒と向き合い始めたのはこの一〇数年である。その前の二〇年間も肥料は一切使用しなかったが、それは本質的な自然栽培ではなかったのである。それは無肥料・無農薬栽培であり、収量は上がらなかった。それでも愚直に取り組んでこられたからこそ今の自然栽培があるといえる。高橋氏はさらに興味深い経験を語ってくれる。有機肥料と化学肥料、肥料による肥毒の違いである。

化学肥料の肥毒は撤去しやすい。土にとっては明らかに異物なものだから分離し、層を形成しやすいからだ。問題は有機肥料だ。動物糞尿などを長年入れてきた畑は、時間がかかる。自然のものであるが故、土が異物と認識できず、肥料成分をつかみ込んでしまうからだ。しかも、層を形成しにくく、土のなかで散らばってしまっている。（同）

自然界のたまものである土と人間が作った化学肥料とは、いわば「水と油」という関係である。離反する性質が強いといえる。大気に蒸散しやすく、土から流出もしやすい面がある。反対に有機肥料は長もちする特徴があるように、自然のものゆえに土がかかえこんでおり、ゆっくり、ジワリジワリと効いていくのである。この「遅好性」は有機栽培としてはメリットだが、自然栽培に取り組む上では大きなデメリットといえる。有機肥料は、量と質によっては清算にかなりの時間を要する可能性がある。

土づくりの方法論

農家に、作物が育たない土はどのような土であるか尋ねると、次の三つに集約される。「冷たい・固い・水持ち水はけが悪い」である。冷たい・固いというのは、人為的に土に投入した肥料や資材、または土の自重に起因するものである。水持ち水はけは、土の構造による。その土はそもそも砂地なのか、粘土質なのか、火山灰が堆積した土なのかといったことである。粘土質であれば当然水はけが悪い。一方、砂地であれば必要な水分も保てないということになる。適地適作というように、その土地に適した作物を選択することが第一だが、土の構造も作物の生育に適した環境にしていく必要がある。

良い土とは「冷たい・固い・水持ち水はけが悪い」の逆で「温かい・やわらかい・水持ち水はけが良い」ということになる。温かい・やわらかいという条件は、固め冷やす要素であり代謝を阻害している肥毒の撤去を行うことで得ることができる。一方、水持ち水はけは人為的に構造を変える必要がある。水持ち水はけがともに良いというのは矛盾しているようだがそうではない。大雨のときは余分な水ははけ、日照りのときは水分を保っていられるという水分の調整能力がポイントになる。そのような土を「団粒構造」化した土という。土が細かな粒状になっており、その一つ一つが水を蓄えつつ、余分な水は粒の隙間から地中に抜けるのである。団粒構造を作ることは、農法にかかわらず重要なことである。

土がそもそも植物でできていることは先に述べた。団粒構造化を進めるうえで、植物を積極的に土に還していくことは、とても重要な作業である。その際に、過去の肥毒を土から取り除くことも同時に行うのである。その方法として基本になる考え方が、強い根を持つ植物の利用である。ムギや牧草類などの禾本科《かほんか》はこの役割を果たしてくれるので、肥毒の吸収を担当してもらう。しかも小麦の実は食料にもなる。そして収穫後は、茎も根も土に還り新たな土となっていくのである。

ここで問題が二点ある。まずは土の固い肥毒部分にムギなどの植物が対応しきれるかどうかである。頑固な肥毒に対し、場合によってはムギの根も歯が立たないこともあるという。その際は、あらかじめその固い部分に手を入れ、事前に砕いておくことも自然栽培の技術の一つである。ただしこのように土を大きくいじるときは冬至から立春の期間を避けることが望ましいとされ、作業は一般に、サブソイラー（土壌下層の硬盤を破砕し、水はけをよくするための機械）や深耕ロータリーなどを活用することが多い。

そしてもう一点はムギなどを土に還す際、注意すべきことがある。吸い上げた肥毒も土に戻ってしまう点である。しかし、これはしっかりと枯らすことで、吸い上げた肥毒の大半は空気中に放散されることが想定される。土を作るうえでは肥毒の解決と団粒構造を築くプランをメリットとデメリットを勘案しながら進めていくことがポイントになろう。これならば、世界のどこでも応用できる栽培法といえるのではないか。だからといって小麦や牧草類を絶対視してもらっては困る。その地に適した作物を栽培すべきである。世界中どこでも小麦を植えれば良いということではない。

人体の肥毒と真実の健康

私は自然栽培からの学びを生活に取り入れているので、野菜や土と人間の身体の関連性を見る癖があるが、土の状態についてはまさに人間の身体も同じようにとらえられる。私がイメージする不健康な人とは、身体が固く凝りやすく、いつも冷えていて、汗をかけず、

図３　高橋氏の自然栽培によるダイコンの葉（左）と一般栽培のもの（右）

むくみやすいといった印象であるが、みなさんはいかがであろう。健康な身体の代名詞は、赤ちゃんである。やわらかく温かい、平熱でも三七度を優に超えている。代謝を阻害する要素が大人と比べて圧倒的に少ないからだと私は考えている。さまざまな社会毒に晒されている大人は、人体版の肥毒（化学物質などの異物）がたまっているのではないか。

この写真は、高橋氏のダイコンと一般栽培のダイコンである。同じ日に播種し、撮影も同じ日に行った。どちらのダイコンが良いダイコンかと尋ねるとたいていの人は右のダイコンと答える。一般栽培は肥料を施しているため成育が早く、一見元気が良いように見受けられるからだ。一方、高橋氏の自然栽培のダイコンは、色も淡く、貧弱な感じさえする。一般栽培の農家がこのダイコンの状態を見たら、すぐ肥料を与えたくなるであろう。この時点で右の一般栽培のダイコンはすでに数回の農薬を使用している。高橋氏のダイコンはいわずもがなである。

自然栽培のさまざまな作物を見て回っていると、一見、心細く見える方が正常であり、元気に見える方が実は異常であるという見方ができるようになる。肥料を施さなければ、色が淡く、成育も遅くなる。収穫期も一般のものより二週間ほど遅れるが、本質的には遅れているのではなく、それが生育に必要な本来の期間だったのである。この高橋氏のダイコンは、腐らずに枯れていく。そして環境を整えれば発酵していくのである。

5　自然栽培と種

種を制する者は世界を制する

ここ数年「種《たね》が危ない」という言葉をよく耳にする。一部の巨大企業が世界中から種を集め、独占し牛耳っていく世界が作られつつあることは周知の事実である。私も食品の流通を手がけるようになり、幾度となく「種を制するものは世界を制する」という言葉を耳にしてきた。農業をするうえで不可欠な存在である種を独占できればミサイルも核兵器も

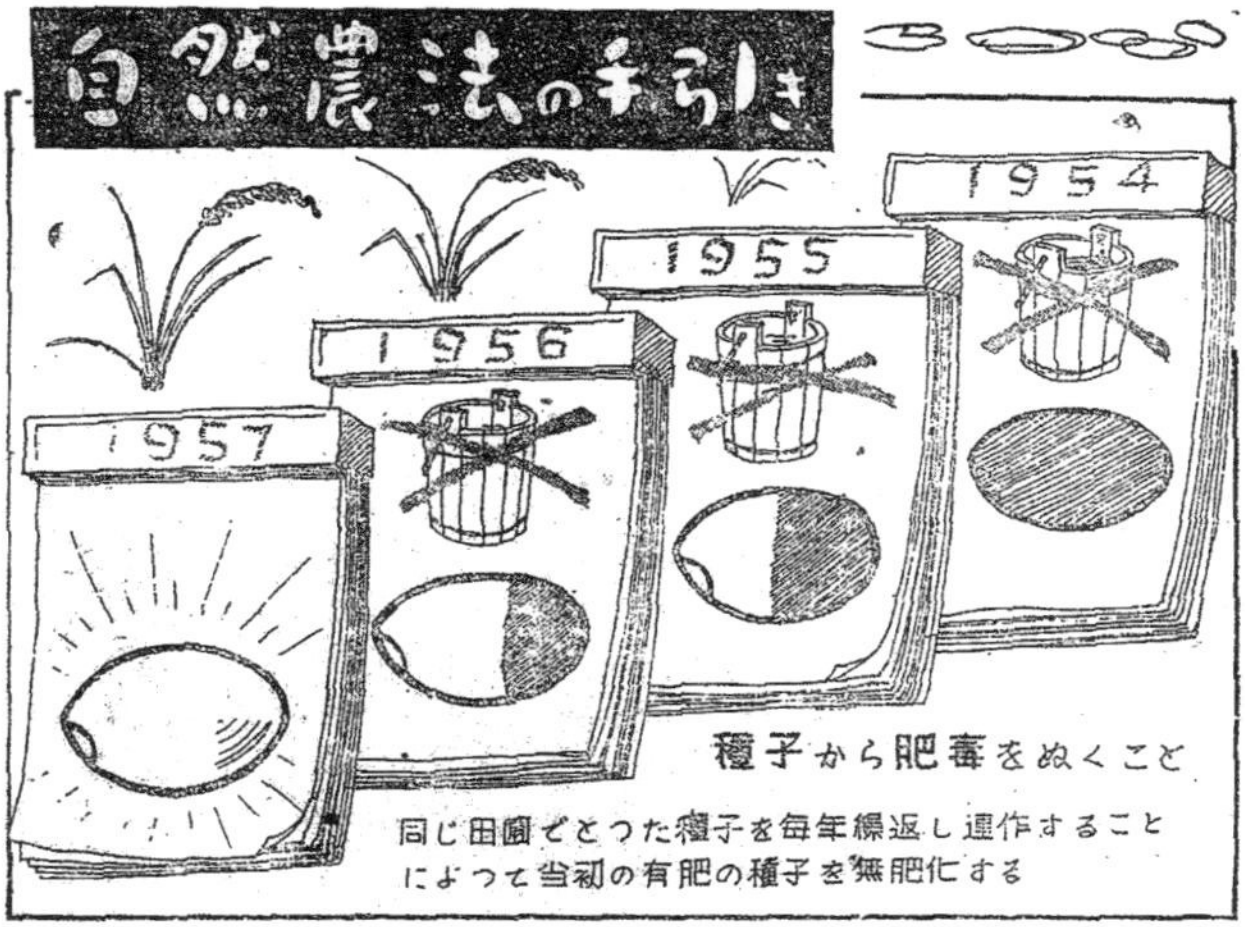

図４　岡田茂吉『自然農法解説書』1953年より

必要ない。胃袋をつかめば、人類の殺生与奪の権を握ることができるのである。これは空想でも予測でもなく、今、現実に起きていることである。

今の農業者に自分で種を守ろうという気持ちはすでにない。種採りは手間がかかるため買うことがあたりまえとなってしまったからだ。農家は、種を支配しようという勢力の策略に見事にはまり、意地も心も職業倫理もすべてが封じ込められてしまったのである。私は農家ではないが、自社の管理する農場で現在五〇品目ほど自家採種の種を各農家から引き継ぎ、年々更新を続けながらきたるべき日に備えている。

自然栽培を続けてきた農家は、「自家採種」の重要性を強調する。これは種の支配から脱却するという点、そしてもっとも重要なポイントとして、土と同様、種の肥毒の解決である。種のなかにも肥毒があり、自家採種を継続することで種からも肥毒を撤去していく。一般に販売されている種は、すでに肥料・農薬が使われているケースがほとんどである。さらにその後の生育段階でも肥料や農薬を使用することが前提で種が設計されているともいわれる。当然、虫・病気を呼び込む原因となる。そのような種を、肥料を使用しない自然栽培の畑に播いてもうまく育つとは限らない。自然栽培の土には、自然栽培に適した本来の種が必要となる。自然栽培では、このことを前提に「種づくり」を行うのである。

八年におよぶ自家採種

長年自然栽培、そして自家採種にも取り組む高橋氏の言葉をここでも引用させて頂く。

私はニンジンの種採りから始めた。農薬処理をされていない種を探し、ある農家に分けて頂いた。それをつなぎ続け今日に至る。自分で種を採る以上、「選抜」が不可欠になる。形質が良いものを選び出す。一反を種採り用の畑にした。毎年、その場からは一万本以上のニンジンが収穫される。それを一本ずつ丹念に見ていく。さすがに嫌になってくる。あれもダメ、これもダメといったようにほとんど廃棄せざるをえない。自然栽培に自家採種は不可欠と頭ではわかっているものの、やめたくなる気持ちを拭い去れないでいた。山のようなニンジンのなかに、七、八本くらい素晴らしい色と長さのものに出会うことができる。その作業を繰り返し、種をつないで八年が経過し、ようやく素晴らしいニンジンばかりが収穫できるようになった。「八年かけてようやく」というのが種の世界なのだ。なかなか思うような結果が出ないから、本当に意味があるのかという不安で覆い尽くされていく。種採りに必要なのは、忍耐と辛抱なのだ。（高橋博氏、談）

種づくりは人づくり

自家採種による種づくりにしても、土づくりにしても、自ら進んで取り組んでこそ、さまざまな障害を乗り越え、屈しない力が養われていくという。真剣に取り組めば取り組むほど、本当にさまざまな壁にぶつかるのだ。やめてしまおうか、続けようか、やはりやめようか。自然栽培を始めると、このように行ったりきたり悩む時期が必ずといってよいほど訪れるのを見てきた。しかし、種や土に向き合ってきた経験がその悩みに打ち勝つ原動力となるのである。種づくり、土づくりはそのまま人づくりにつながっているかのようである。

種・土・人はそれぞれ別ではない。密接不可分なものである。個々に分かれているように見えるが、つねに「三位一体」であり、だからこそ自然栽培が成立するのであろう。人だけがどんなに頭で理解してもうまくはいかない。土だけに特化しても行き詰まる。種だけがどんなに良くなっても成功しない。あくまで三位一体こそが自然栽培なのである。そしてそれらは一朝一夕にはいかない。一〇年、二〇年、三〇年という時間の経過のなかで育まれるものなのである。種づくりには八年という時間がかかるという。土づくりには一〇年、二〇年もの時間を要することもある。しかし、それを長いと感じるのは我々人間の頭だけの世界であり、自然界においてはきわめて自然であたりまえのことなのだ。長い人類の歴史からみても、たかだか二〇年三〇年だと高橋氏はいう。表土一センチの土を作るのに自然界は一五〇〇年の年月をかけているのだから。

自分の代ですべてを解決しようと思っていては、自然栽培は困難極まりない農業となるであろう。自然と人間を分け、極端に走ってはならないのである。自然の一員として自然のリズムで取り組むべきである。これは消費者にもいえることである。本書で高橋博氏を紹介させて頂いたが、そうすると「高橋さんの野菜が欲しい」となる。さらに「高橋さんの自然栽培歴何年目のものが欲しい」となりがちである。気持ちはよくわかるが、考えて頂きたい。確かに、栽培の歴史が長い方が、品質が良いのは間違いない。しかし、高橋氏であっても一年目があったからこそ今がある。そのことを忘れないで頂きたいのである。今、自然栽培に取り組む若い農家が増えている。ぜひ、その若い人たちを支えて頂きたい。

種づくり、土づくりへの取り組みを直接するのは農業者であるが、作物を食べることは、そこに主体的に参加していることになる。実際に耕して土を作る人と、食べて土を作る人、そして私は販売し流通させることで土づくりに参加しているのである。

高橋氏は、自然栽培を知った当時、これは三世代で取り組む農業だと感じたという。家を建てるシーンになぞらえ、自分は基礎固め、土台作りに徹しようと心に決めたという。何事においてもしっかりとした基礎が不可欠である。家屋は息子の代、住みつくのは孫の代でよいと考えたのである。これぐらい長期的にとらえなければうまくいかないのが自然界であり、自然栽培なのである。

6 人・自然・宇宙

理論農学と自然農学

自然栽培が昭和の初期に世に出されたことは冒頭で述べたが、同じ時期、ヨーロッパでも新たなビジョンをもった農法が生まれた。それが、バイオダイナミック農法である。一九二四年、ルドルフ・シュタイナーが提唱した「自然と人間との調和」をコンセプトに自然の摂理にしたがって種を蒔き、栽培し、収穫することによって植物そのものがもつ本来の力を最大限に発揮させるという栽培法である。非常に興味深いことに、同時期に東と西で、肥料という概念のもとで成り立つ農業ではない、新たな概念をもった農業が生まれていたのである。

過去、スイスにあるシュタイナー協会の本部を訪れたことがある。その資料室には、日本の自然農法の祖、岡田茂吉氏の書物も置かれていたことを思い出す。バイオダイナミック農法は現在「天体エネルギー栽培法」として書物も出版されている。天体エネルギー、まさに岡田氏のいう「火水土」、太陽と月と地球という考えを連想させる。

自然栽培と通ずる箇所も多数あるものの、マニュアル重視になりすぎて実践的ではないと私個人は感じている。ただし、その発想はすばらしい。肥料を使わないバイオダイナミック農法で作物ができるのは宇宙のエネルギーによって引き起こされる生体内元素転換なる働きの結果であるという。自然栽培の創始者の論文にも生体内元素転換という言葉こそないが「生命に必要なものは、すべて体内で作られる」「植物に必要なものは土のなかで作られている」と説かれている。

一方、有機栽培をはじめその他のいかなる農法も、植物にとっての三大栄養素である窒素・リン酸・カリウムを供給することが基本となっている。有機栽培であれば、窒素・リン酸・カリウムをどのように自然物からまかなうかということである。要は養分供給説なのである。現代農業の理論農学においては、畑でニンジンを栽培すればニンジンは畑の土の養分を吸収して生育するから土の養分は減少するので、毎年肥料を畑に投入しなければニンジンの収穫量は減少していく、という考え方である。しかし、土の養分とニンジンの成分の変化を正確に計算して成り立った実験データがあっての理論ではない。あくまでも推論なのだ。

高橋さんの畑では約三〇年も前から一切何も肥料を入れず、農薬なども一切散布しないで立派なニンジンが毎年収穫できている。理論農学では説明がつかないということは、その理論が正確ではないといえるのではなかろうか。自然栽培の現実から導かれる自然農学は実際に栽培できているという事実を認め、その事実を説明できる研究が求められる。畑に種を蒔いてニンジンが育つということは自然現象であるから、土の養分もニンジンの成分も刻一刻と変化していく。このような自然現象の変化を画一的な理論で計算して正確に表そうとすること自体無理なのだ。

シュタイナーのバイオダイナミック農法、岡田茂吉氏の自然栽培は、土が生きていれば必要な養分は供給せずとも作られると説いている。宇宙にはそのためのエネルギーが充満しているという。この説は、未だ科学で証明されていないため非科学的なトンデモ話とされているが、私が自然栽培を通してこの目で見た植物の世界、自然のメカニズムは、まさに二人の説を体現していた。宇宙の起源も元素転換がなければ成り立たない。だとすると人体も土も作物も自然界のなかで元素転換が起きているとしてもあえて不可思議とはいえない。

一八二二年、イギリスのウイリアム・プラウトはタマゴからヒヨコが生まれるときのカルシウムの変動に関する研究を行った。そこで彼はヒヨコがタマゴの四倍以上の石灰分を含んでいることを発見する。フランスの科学者ルイ・ケルブランは一九三五年から「生物学的元素転換」と題し、研究と実験を続け、一九六〇年代、動植物あるいは人体において生物学的元素転換という現象が起きているという理論を世に出した。ノーベル賞の候補にまでなったが、受賞することはなかった。

このルイ・ケルブランの理論に関心をもった日本人がいた。マクロビオティックの祖、桜沢如一氏である。マクロビオティックの説明は割愛させて頂くが、これを単なる玄米菜食主義ととらえている方々が多いように感じている。人は、動物性の食品に頼らずともコメや野菜からでも身体に必要なあらゆる物質を生み出し、生命を維持していけるだけの機能が本来備わっているというのがマクロビオティック思想の本質だと私は考える。その機能が働いていれば、栄養素などいちいち考えなくても良いということである。まさにルイ・ケルブランの提唱した生体内元素転換そのものである。

動物性タンパク質を摂ってはいけないのではなく、あえて摂る必要がないという主張であったはずが、いつしか玄米菜食によって病気を治すという食のスタイルだけが独り歩きするようになってしまったのではなかろうか。欧米において、動物性食材の食べすぎが病気の原因とされ始めた時代の流れのなか、一躍脚光を浴びた食のスタイルなので、玄米菜食が先行してしまうのはやむをえないところもあるが、本質は忘れないで頂きたい。

ともあれ肥料を入れなくてもニンジンが継続的にできているという動かせない事実を素直に認識し、それから理論を考える自然農学が真の科学といえるのではないだろうか。元素転換論やエネルギー保存の法則、エントロピーの概念から近い将来証明されていくことを期待する。

肥料を撒けば、作物の根張りは弱くなる。根を伸ばさなくても栄養分がすぐ目の前にあるから当然である。一方、無肥料の野菜は根張りが著しい。根をしっかり張るということは、風雨や日照りにも強いことを意味する。人間にたとえるとどうであろうか。口から完成された栄養素を放り込まれたら、体内で生成する機能が低下するのではないかと考えられないだろうか。これは肉体に限ったことではない。宿題をがんばる子供に、「大変そうだから」と解答を教えてしまえば、学力がつかないのは至極当然のことである。土にも植物にも人にも、完成したものを与えてはいけない。生体能力を維持するにはパーツでなければならない。これは自然のルールだと私は考えている。

太陽の力・月の力

肥毒が解消され土の清浄化が完了すれば、肥料で養分共有せずとも営農できるだけの十分な収穫が確保できるのが自然栽培である。では、なぜ育つのか。そのメカニズムについて話を進めていきたい。ただ、この話は容易に受け入れられるものではないであろう。私も、こうして活字にするのにためらいがないわけではない。できれば自然栽培の圃場にあなたをお連れし、土に触れ、土の匂いを嗅ぎ、農薬を必要としない生命力溢れる逞しい野菜をその手にとって食して頂きたいのである。そして、なぜ自然栽培が成立するのかという科学的根拠や理論は学者の方々にお任せしたいのが本音である。

自然栽培農家や自然栽培の野菜を求める消費者、また私たちにとっても、根拠や理論は、興味の対象ではあるがさほど重要ではない。重要なのは、目の前に自然栽培のものがあるという現実だけである。立派な理論があってもできなければ意味がない。それでもこうして文章にしてお伝えするのは、ほかならぬ自然栽培の普及のためである。

地球上には、太陽をはじめ宇宙からのエネルギーが降り注いでいる。実際、人工衛星プランクの観測によって、宇宙の質量とエネルギーに占める割合は、原子などの通常の物質が四・九パーセント、ダークマターが二六・八パーセント、ダークエネルギーが六八・三パーセントと算定されている。人類が知りえているのはわずか五パーセントにすぎない。わからないことばかりである。また地球自体も中心部に熱エネルギーを持っている。自然栽培で作物ができるかできないかの差は、この未知なるエネルギーの循環を妨げない土を作れるかにかかっている。太陽、月、地球からの未知なるエネルギーについて岡田氏は、それぞれ「火素・水素・土素」と表現している。

火素と水素は太陽と月から、土素は地球から放出されているが目には見えない。空気中に漂う三つのエネルギーは、雨とともに地上に降り注ぎ土中に蓄えられ、水分とともに植物に吸収されていると考えられている。火素と水素は、地球上のあらゆる場所に存在するが、土素は土が自然の状態でないと地上まで届かないといわれ、畑や田んぼにおいて、土素を遮断してしまっているのが人為的に施された肥料や農薬による肥毒であると岡田氏は指摘しているのである。

農業従事者ではない私も、岡田氏の理論に納得をし、実践している。それは農業だけではなく、人の身体も火素・水素・土素の働きによるものだと説かれているからだ。火素エネルギーは心臓によって鼓動とともに取り入れ、水素エネルギーは肺によって呼吸とともに取り入れ、土素エネルギーは胃によって食材から摂り入れているという。この三つのエネルギーが結合したものが生命力そのものとすれば、人間はいかに土素エネルギーを含有する食材を食べるかが重要なポイントになるであろう。この仮説が証明される日を私は楽しみにしている。

人類は、太陽の力は太古の昔から感じている。植物にとっても太陽は欠かせないものである。一方、月についてはどうであろうか。地球上にある水の動きに月は大きく関与しているにもかかわらず、その力が意識されることは少ないように思う。人体も年齢でその差はあるが六、七割は水分であるから、当然月の影響を受けているはずである。

農業にも月の動きは取り入れられている。たとえば、収穫後、長期保存をする場合も水分量は少ない方が良い。一方、みずみずしい状態で食べたいときなどは水分が多い方がおいしく頂ける。タマネギ・カボチャなどは、保存性を重視するか、フレッシュ感を重視するか月の動きを見て収穫時期を選択することができる。

自然を育む土

自然を育む土について自然栽培的にまとめてみよう。土とは、太陽（火素）月（水素）地球（土素）の融合されたエネルギーを植物の利用できるエネルギーに変えていく地下工場である。

岡田氏の論文より抜粋する。

人為肥料の如き不純物をいれずに土を清浄に保つと、肥料に邪魔されないので土本来の性能、偉力（土にもともと備わっているもの）、植物を健全に育てる力が発揮される。自然界では、熱や光を司る太陽からの火素エネルギー、水を司る月からは水素エネルギー、そして地球の奥からは土素エネルギーが出ていて、この三つのエネルギーが土に満たされるほど、作物が正常に生育する。このことを理解した上で、土を尊び土を愛すると土の偉力は驚くほど強化される。肥料を使うと一時的には効果があるが、やがて本来の性能が衰え、いつしか肥料を養分としなければならないように変質してしまう。

（岡田茂吉『自然農法解説書』一九五三年）

岡田氏以外にも各種、自然農法なるものを唱えた方々がいるが、決定的な違いは、この「宇宙エネルギー論」である。エネルギー論を持ち合わせない自然農法は、本質的に現代一般農業と変わらない養分供給型の延長上にあるといわざるをえない。

なぜこの点を強調するかといえば、自然栽培に取り組みながらも思うような結果が得られなかった者たちが「やはり自然栽培は無理だ」「しょせん宗教だ」というようになりがちだからである。本来の自然栽培は、原理原則から外れさえしなければ、どこでも、誰でも営農可能な農法である。また、そうでなければ全国、全世界に普及する意味がない。

世界の農業に向かって

いくら自然栽培が農業のあるべき理想の姿だと声高に叫んでも、世界の食料をまかなうことができなければ意味がないと私は考えている。自給自足や家庭菜園レベルでしか成功しない農業モデルでは普遍的な農業の型にはなりえない。大規模でも栽培可能にならない限り、人体汚染も環境汚染も食い止めることはできないからである。

自然のものであれ人工的なものであれ、肥料に頼る農業には限界がある。有機栽培がすすめられているが、それだけの有機肥料を集め続けることは不可能であろう。想像を絶する糞尿肥料が必要になるからだ。アメリカやオーストラリアなどの何百町歩何千町歩でも成しうる農業でなければいけない。自然栽培は、特定の地域でしかできない特別な栽培になってはいけない。

これは自然栽培に携わる人間にもいえることである。自然栽培というと、仙人のような人だからこそできるような世界になりがちである。しかし、自然栽培を変人や特別な人が取り組む農業にしてはならないのである。「あの人だからできた」「俺には無理だ」と思わせるようになっているとしたら要注意だ。

自然栽培が昭和初期に始まったときは、信者や一部の変わり者がやる農業として終始してきた感がある。それは当時としては仕方がなかった。これからは、同じ過ちを繰り返してはならない。農業はもはや「公害産業」と化しているわけだから、自然栽培を急ぎ普及・拡大していく必要があると考えている。そのためには、誰でも取り組めるあたりまえのものでなければならない。私自身も長年自然栽培には携わってきているが、最初から「あたりまえのこと」という気持ちでやっているのである。

「できてあたりまえ」、これを大切にできるかどうかがポイントである。もし、「俺はほかとは違う」というような、妙な誇りを持って自然栽培を実施している方が近くにいたならば、本人のためにも自然栽培の普及のためにも遠慮なく諭してあげて頂きたい。

果樹の自然栽培

最後にもう一つ、まとめにかえて果樹の自然栽培について述べておきたい。

果樹における自然栽培も原理原則は同じであり、土を温かく・柔らかく・水持ち水はけが良い状態にすべく肥毒の撤去を行うのである。そして、果樹においてはもう一つ重要な

図５　道法氏指導による自然栽培の果樹，レモン（上）とミカン（下）

図６　野生リンゴ（イタリア）

要素がある。剪定である。自然栽培が肥料を必要としないという点で一般の農学と真逆なように、剪定の方法も一般的な果樹栽培と真逆である。

図5は自然栽培のレモンとミカンである。どちらも実の重みで枝がたわんでいる。もう一つ、図6は野生のリンゴの木である。こちらはイタリアのものだ。同じように枝がたわんでいる。果樹は広葉樹のため、スギなどの針葉樹のように先端が尖った姿にはならず、実がなれば、その重みでたわむ。柑橘類の常緑果樹にしても、リンゴやモモなどの落葉果樹にしても、この姿が果樹の本来の姿ととらえることができるのだ。なぜこのような姿になるのか。そのたわんだ枝の正体は剪定されるはずの「徒長枝《とちょうし》」である。

この自然栽培果樹の剪定方法を提唱しているのは、広島県の道法正徳氏である。道法氏は、かつて農協の上部団体である県果実連に在籍していた。化学肥料と化学農薬を販売し、そのための農業指導をされていたのである。しかし、農協指導の栽培方法ではまったく結果が出ないという現実に直面していた。自身もミカン・ネーブル・ハッサク・レモンなどを栽培していた。レモンは離れた園地にあった。遠方のため頻繁に行くことは叶わず、肥料を与えにいくこともできず、結果的に無肥料栽培となっていた。

二〇〇六年、そのレモン園に「かいよう病」が発生し、拡大の様相を呈していた。レモンは、かいよう病に弱いため通常の栽培では年に五、六回農薬を散布する。道法氏は落胆しつつ、一応、収穫のために園地に向かったものの、レモン栽培自体を諦めざるをえないかもしれないという思いだったそうである。しかし、後にレモン園で彼が実際に目にしたのは驚くべき光景であった。かいよう病が完全に消えていたのである。道法氏はそれまでも肥料の弊害は認識していたものの、そのとき無肥料・無農薬の自然栽培の作物のもつ生命力を確信した。そしてその年から本格的に果樹の自然栽培を推進することになったのである。

さて、その剪定方法である。道法氏の剪定は、立ち枝である「徒長枝」を残すのである。もし、あなたが果樹の剪定を学んだことがあるのなら、この時点で「えっ？」となるであろう。一般的な果樹の剪定では、この徒長枝を切るからである。樹が低くなるように、そして日当たりを優先し、横へ横へと形作っていくのである。これが農協指導の果樹剪定法である。一方、上へ上へと伸びようとする勢いのある徒長枝を残すこの剪定は「切り上げ剪定」と呼ばれている。上に伸びる徒長枝を残し、横に伸びている古い枝を切ることで毎年若い枝に実を成らせることができるのである。そんなに上に伸びてしまっては収穫が大変と思われるかもしれないが、先ほどの写真を見て頂きたい。実の重みで枝がたわんでいるため収穫も容易なのである。

こうして栽培された道法氏のレモンは、何年も肥料を与えていないにもかかわらず大玉だ。そして農薬を一切使用していないのに表皮も美しい。無農薬の柑橘というと、値段が張る割に見た目は悪いというのが相場である。道法氏は果樹栽培において「窒素・リン酸・カリは関係ない」という。植物が育つのは植物ホルモンの効果的な働きと断言する。植物は、根の先端でジベレリンやサイトカイニンといった植物ホルモンを作る。サイトカイニンが幹をつたい枝にある生長点に送られ発芽する。次に、この新しい芽でオーキシンというホルモンが作られ根に移動し、根を伸ばすのである。この循環が植物の成長を促しているのである。芽と根の成長は連動している。したがって、新しい芽である「徒長枝」を切れば、根の成長に必要なホルモンが生成されず、根張りが悪くなり樹勢が弱ってくるのである。

この「切り上げ剪定」によって、わずか三年で自然栽培リンゴを完成させた事例がある。福島県の果樹農家・紺野邦男氏である。紺野氏は、果樹栽培に肥料は必ずしも必要ではないということに自ら思い至り、リンゴ園の一部を無肥料にしていた。病虫害が発生するため農薬は使用していたが、道法正徳氏と出会い切り上げ剪定の理論を聞き、「これならい

図７　福島県福島市の自然栽培リンゴ

ける」と思ったという。道法氏の指導のもと、新たな剪定を行った。そして迎えた三年目、出荷可能な品質の見事なリンゴの実がたわわに実ったのである。この事実は、農薬散布による健康被害に悩む多くの果樹農家にとって一筋の光となるのではなかろうか。

なぜ、切り上げ剪定により自然栽培が可能になったのか。一つは、先述の通り、木が本来なりたい自然の姿に近づけてあげることにより生命力、樹勢が蘇り、植物ホルモンの働きがスムーズになったこと。そしてもう一点、これは推測の域ではあるが、毎年古い枝を落とし、新しい若い枝を伸ばすことによって、木のなかに含まれていた肥毒を積極的に抜くことができていると考えられる。もし、この本をお読みの方のなかに果樹農家がいたら、経営に影響のない範囲の本数、それが仮に一本でも良いので「切り上げ剪定」、「無肥料栽培」を試してみてはいかがかと思う。その際は、ここに記した内容だけでは具体的方法論が不十分であるので、道法正徳氏に直接指導を受けることができる。「自然栽培全国普及会」もあなたの自然栽培への取り組みをサポートさせて頂くつもりだ。詳しくは、インターネットのWEBサイトhttp://www.jnhfa.com（二〇一五年一月三〇日閲覧）を参照されたい。

これまでさまざまな論点から話を進めてきたが、本章の目的は、自然栽培というものを農業だけの技術にとどめないでほしいという意図がある。随所で土と身体、農業とライフスタイルを重ねて論じてきたのもそのためである。事実、農業従事者も一消費者である。生産するだけではなく、自然栽培から会得すべき自然界の法則をいかんなく生活に反映して頂き、野菜の農薬と同様、薬剤に頼らなくとも生きていける自然と調和した身体を築いて頂きたいと切に願うものである。

私は今年で五六歳になる。自然栽培との出会いから三八年の月日が流れた。気がついてみると三八年の間、一度も医者にかかることなく元気に生を営んでいる。これも日々、自然栽培の食材を口にすることができた結果だと感じている。自然栽培と出会わなければまた違った生き方になったに違いない。このすばらしい自然と調和した生き方を与えてくれた岡田茂吉氏、そして自然栽培に取り組まれた生産者の方々に心から感謝の意を表したい。

ら・わ行

索　引

あ　行

か　行

さ　行

《著者紹介》

各章扉裏参照。

シリーズ・いま日本の「農」を問う④

環境と共生する「農」

――有機農法・自然栽培・冬期湛水農法――

2015年4月15日　初版第1刷発行　〈検印省略〉

定価はカバーに
表示しています

著者　古沢広祐
蕪栗沼ふゆみずたんぼ
プロジェクト
村山邦彦
河名秀郎

発行者　杉田啓三

印刷者　坂本喜杏

発行所　株式会社　ミネルヴァ書房

607-8494　京都市山科区日ノ岡堤谷町1

電話代表　(075)581-5191

振替口座　01020-0-8076

冨山房インターナショナル・兼文堂

ISBN 978-4-623-07302-3

Printed in Japan